你若盛开，芬芳自来

方伟◎编著

中国纺织出版社有限公司

内 容 提 要

我们每个人都渴望美好和快乐，然而，你只有不断修炼自己的内心，朝着美好的人生努力，才能获得幸福。你若盛开，芬芳自来，你变美好了，一切就都美好了。

本书运用从容而舒缓的语言，将我们经营人生的智慧娓娓道来，轻柔地提醒世间所有热爱生命、热爱美好生活的人，要用微笑和阳光的心来经营生活。相信阅读了本书，你就掌握了拥有积极心态和美好人生的金钥匙。

图书在版编目（CIP）数据

你若盛开，芬芳自来／方伟编著. --北京：中国纺织出版社有限公司，2020.6（2023.5重印）

ISBN 978-7-5180-7245-3

Ⅰ.①你… Ⅱ.①方… Ⅲ.①个人—修养—通俗读物 Ⅳ.①B825-49

中国版本图书馆CIP数据核字（2020）第045028号

责任编辑：闫 星　　责任校对：寇晨晨　　责任印制：储志伟

中国纺织出版社有限公司出版发行

地址：北京市朝阳区百子湾东里A407号楼　邮政编码：100124

销售电话：010—67004422　传真：010—87155801

http：//www.c-textilep.com

中国纺织出版社天猫旗舰店

官方微博http：//weibo.com/2119887771

永清县晔盛亚胶印有限公司印刷　各地新华书店经销

2020年6月第1版　2023年5月第2次印刷

开本：880×1230　1/32　印张：6

字数：114千字　定价：48.00元

前言

生活中，我们每天努力工作、认真生活，都是为了获得幸福，然而，当你反过来问他们是否幸福时，很多人沉默了，因为他们不知道怎么回答。对此，有人说，房价、物价太高，每天奔波忙碌，哪里会幸福？也有一些人说，工作压力大、竞争激烈，让自己喘不过气来，怎么会幸福？更有人说，孩子不听话、家庭矛盾大，怎么会幸福呢？

那么，到底是什么让我们不幸福呢？

为此，我们有必要了解什么是真正的幸福。从社会学的角度来看，幸福是指心理欲望得到满足时的状态，或者说，从生活中获得较长时间的满足，品味到巨大的乐趣，由此自然而然产生希望这种生活持续久远的念头。通俗点来说，我们所渴望的幸福就是一种内心安宁、淡然的感觉，如果你内心感觉幸福，那么哪怕生活再清苦、人生再不顺，你也能微笑面对；否则的话，再奢华的生活也换不来你的开心一笑。

的确，我们发现，生活中，有这样一些人，他们衣食无忧，有着令人羡慕的工作，但他们却并不觉得幸福；也有一些人，他们出身平凡，相貌平平，还有可能在工作中总是遇到问题，但是他们的脸上却常常洋溢着幸福的笑容。为什么？区别只在于后者比前者的心更美好。

哈佛大学做过的一项有关“幸福感”的研究表明，人的幸福感主要取决于3个因素：遗传基因、与幸福有关的环境因素以及能够帮助我们获得幸福的行动。而积极的心理，可以帮助人们更快乐、更充实、更幸福。

哈佛大学幸福课教授本·沙哈尔在课堂上，常常对幸福感做出这样的诠释：衡量人生的唯一标准就是幸福感，是人们生存乃至生活的最终目标。他还对这句话进行解释：“人们衡量一个人是否商业成功的标准就是钱，用钱去衡量盈亏、利润、税务等，所有和钱无关的都不会被考虑进去。同样，人生也有盈亏，不过，你若想使得你的人生积极起来，就要做到把负面情绪当做支出，把正面情绪当做收入。当正面情绪多于负面情绪时，我们在幸福这一‘至高财富’上就盈利了。”

所以，一个人要想获得幸福和快乐，首先要让自己的心变美好，做一个内心充实、正直善良的人，做一个心胸宽广、充满爱心的人，做一个心态阳光、积极乐观的人，那些不知道满足、不懂得施舍、不知道如何给自己减压、总是将自己与别人进行不恰当比较的人只会生活在阴霾中。

阅读本书，你会觉得在与一个美好而又亲切的长者交谈，它会让你的心灵像花儿一样盛开，散发出淡淡清香，让我们彻底摆脱烦恼的纠缠，开启幸福的人生之旅。

编著者

2019年12月

目 录

第1章 生活或许平凡，你却可以盛开如花

作为平凡的人，我们的生活也是平凡的，甚至很多时候是不如意的，充满挫折与苦难。即便如此，我们依然不会拒绝幸福和快乐，这一点毋庸置疑，但其实，这需要我们主动热爱和拥抱生活，积极阳光一点，微笑面对人生，这样，我们就能踩着时光的留声机，记录属于自己的那片灿烂星空。

自得其乐的人生也是一种美

你是否有过这样的经历：紧张的忙碌工作之余，你离开办公桌，冲一杯咖啡，来到窗前，静静俯瞰这座城市中匆匆行走的人们，此时，你是否突然觉得自己好像累了很久，难得有这样轻松惬意的时刻？周末，没有呼朋唤友的聚会，没有推杯换盏的饭局，你捧一本书，沐浴在阳光下，你是否觉得一个人的时候也可以这么快乐？你有自己喜欢做的事，与他人无关，一有时间，你就沉浸在自己的爱好中，任凭外界如何喧闹，你也不会被打扰……的确，现代社会，随着生活节奏的加快、竞争的日趋激烈，经济压力逐渐增大，人们穿梭于闹市之间，已经习惯了忙碌、灯红酒绿、觥筹交错的生活，以至于一个人的时候显得内心慌乱、手足无措。实际上，自得其乐的人生也是一种美，做自己喜欢做的事，享受独处带来的充实和快乐。

一个人的时候，我们可以想很多事，可以不受他物的牵绊，让自己的思想尽情遨游，在深思熟虑中获得生命的体验与感悟。这就是独处的妙处，一个人的生活也能过得有滋有味，而不是嗟叹生活无趣，唉声叹气，浪费光阴。

“随着年纪的增长，我开始发现，呼朋唤友真的没什么意思。现在下班后，我很少去酒吧了，天天喝酒应酬的日子真的厌倦了，而是喜欢上了阅读，每读一本书，我都能收获不同的东西，有专业技能上的，有人生感悟上的，有风土人情，有幽默智慧，我很享受这个过程。有时候，从图书馆出来已经晚上10点了，在回家的路上，看着路边安静的一切，风从耳边吹过，我真正感到了内心的安宁。同事们都说我这人太宅了，但我觉得，我是在享受寂寞，内心有书籍陪伴，我从不感到孤独。”

这是一个懂得与自己相处的人的内心独白。的确，心与书的交流，是一种滋润，也是内省与自察。伴随着感悟与体会，淡淡的喜悦在心头升起，浮荡的灵魂也渐归平静，让自己始终保持着一份纯净而又向上的心态，不失信心地契入现实、介入生活、创造生活。

的确，在一生当中，我们大部分时间都在不停地奔波和忙碌，都在与人打交道，独处的时间太少了，一旦闲下来，就很容易感到孤独。所以，在大都市里，很多人在闲暇时光会交朋结友或者寄情于娱乐场所，以此消磨无聊的时光，而其实，一个人也可以自得其乐。当我们徜徉在一个人的时光里时，大概只有安静，只有自己的呼吸，只有平平淡淡，而拂去了忙碌、压力，在万物沉睡的凌晨，在肃静的内室之中，或是在空旷的郊野，在所有这些寂寞的时候，凡尘的烦琐事务离我们远去了，忧虑与烦忧也不再侵害我们，我们的内心自然会生出许多平安欢喜的感激之情，此时思绪静止，内心安详而淳朴，你会感到一种与天地同在的醉意。

那么，生活中的你，一个人的时候可以做些什么呢？又怎样自得其乐呢？

你可以听听音乐、冥想或者写一些文字，以此来洗涤心灵，但无论如何，请不要在寂寞中沉沦。

因此，我们每个人都要珍惜和自己独处的时间，当你独处时，不要消极和无聊，你完全可以抱着积极的心态去做些事。例如，读书，古人云："书中自有黄金屋，书中自有颜如玉。"书籍是人类进步的阶梯，你可以从书中获取知识、增长见识；你可以坐在阳台上，也可以蜷缩在沙发里，随时随地都可以进入书的海洋。

另外，你还可以专注于手头工作和学习，那么，你便能沉浸在自己的世界中，又怎么会感到孤独呢？

举个很简单的例子，炎炎夏日，农夫想把稻子割完，学生一心要读完一本书，他们都是不孤独的，只有无所事事的人，才会觉得内心空虚、寂寞，需要与人为伴。

总的来说，身处闹市，我们一定要学会和自己相处，哪怕一个人，也要将生活过得精彩。例如，一天烦琐的工作结束之后，你可以听听轻音乐，通过音乐，你可以发现生命的意义原来是感受生活中点点滴滴的美好。失落会在音乐中消散，沮丧会在音乐中溶解，怀疑会在音乐中清除。也可以看看书，它会帮你寻找心灵的安放处，闯过生命的种种关卡，抵达心灵平静的彼岸，你便能保持心灵的宁静，多一份圣洁与执着，因为我们身边正飘过那沁人心脾的乐风！

一路疾行，又怎能不错过美丽风景

我们都知道，人是一种有着美好憧憬的动物，我们似乎总是在一路疾行，始终保持战斗的节奏，时刻紧张地投入。于是，在这种紧张的快节奏中，在这种高度的压力下，不少人患上了都市疾病，或者产生精神上的疾病，甚至有英年早逝者。其实，这样快节奏、高压力的生活，就算赚取再多的金钱、拥有再高的地位，没有真正的休闲和享乐时间，人生还有什么乐趣，还称得上什么享受？一个人工作是为了更好地生活，如果工作只能带给你压力和紧张，还有它原本的意义吗？

庆幸的是，越来越多的人认识到"慢生活"的重要性，"慢生活"这个词汇来自1989年的意大利，相对于现代生活的匆匆忙忙、纷纷扰扰，它更强调回归自然，享受轻松和谐的生活。当然，不仅仅是生活节奏上的慢，而是更加讲究一种"慢"的心态，慢慢地享受生活、慢慢地吃、静静地聆听和感受生活的魅力，感性地思考和爱，细细体味人生百态。

曾听一位教授在课堂上讲过这样一个故事：

曾经有个人，他看到有人骑马，十分羡慕，心想要是自己也能骑马，那有多潇洒，用双腿走路简直太没意思了，可是他没有钱买马。

一天，有个人告诉他，他可以用自己的双腿交换马，他听完后，毫不犹豫就做了交易，于是，他顺利得到了一匹马。

虽然失去双腿，但是他骑上马之后太兴奋了。正如所想象的那样，策马奔驰的感觉太美妙了，他很庆幸自己的选择。

用双腿换一匹马，多么愚蠢的决定，因为我们谁也不可能永远生活在马背上。果然，骑了一阵子后，他开始有些疲倦，渐渐变得兴趣索然了。于是，他想下马，可是没有了双腿，他无法站立，一切都需要人帮助，这个时候，他才发现自己所面临的是一种什么样的困境。

这种交易的愚蠢看起来一目了然，道理也十分简单，但生活中却仍有不少人执迷不悟，用一生去追求一个看似得到后就会很满足、很幸福的目标，但最终得到的往往是你的悔恨。

我们大部分人的状态是，年轻的时候，我们总是想着等到老了以后，得到了许多物质的满足，再去好好享受，去环球旅行；当我们有了孩子的时候，总是惦记着让子女好好享受。至于自己到底需不需要享受，自己什么时候享受，却从不去认真考虑。所以，事实上，很多人不会享受。

享受生活归根结底是一种心境。享受的关键在于寻找快乐的人生，而快乐并不在于拥有多少、获得多少、生活质量如何，而是在于自己怎样看待周围的人和事情，怎样让自己有一颗接纳一切快乐事物的心。

现实生活中，很多人每天为生活与工作忙碌，或者忙于娱乐、应酬，又有多少人做到了真正的放松？即便是娱乐，也是忙于应付，忙于唱歌跳舞，谁又真的让心归于宁静呢？现代人，在闲暇之余，谁又会静静地走一走呢？有谁还有闲暇赏一赏雪景，观一观春花，听一听雨打窗棂，在湖上畅快游玩一番？这样纯粹又美好的享乐，谁能享受和理解呢？

因此，我们每个人一定要放慢生活的脚步，减少心中的欲望，放下思想上的负担，慢慢品味生活的每一处美妙。工作当然要讲究效率，但一定不能把生活、娱乐、睡眠、锻炼的时间都浪费掉。生活要保持一种和谐的节奏，有快有慢，有紧张有舒缓，快与慢相结合，才能让效率与享受同步，社会进步与享受生活不起冲突。工作时就要全心投入，踏踏实实地工作，玩乐时就要痛痛快快地玩乐，让休闲成为日常生活的一种节奏，而不是只能在假期里享受的“奢侈”。

除每天8小时工作、8小时睡眠以外，还有另外8小时的闲暇时间来支配，不妨慢慢地吃，投入地锻炼，不时抬一下头欣赏一下大自然、沐浴一下清晨的阳光、好好地泡个热水澡来舒缓肌肉和身心的疲惫。什么都不要想，细细地感受一下周围空气的流动、花香的侵入、热茶雾气的氤氲，这一切都能让你更深刻地感受生活，感受自然的美好、生命的奇妙。这就是在享受生活，慢慢感受就能够拥有幸福。

现代社会要求人们多思考少感受，因此很多人都是理智的、理性的，每天都想着怎样创造物质生活，而忽略了感受，忽略了精神生活。即使是读书这种纯属于精神生活的事情，如果只是读，而不能体会一下作者的感受和感悟，就会浅薄很多。感受可以调整、丰富你的思考，可以让思考更加深入而贴近心灵，思考是大脑的运动，感受则是心灵的事情；思考强调逻辑思维，感受则强调直觉思维，很多逻辑不能解释的事情，就需要我们的直觉去判断。闭上眼睛聆听美妙的音乐，在音乐中，你会感受到弹奏者的思绪，迷茫、思念、喜悦、痛苦、坚持，这一切都能让你的心更加丰富、更加敏锐。

当然，我们说的放慢脚步并不是说要行为散漫和慵懒，而是追求自在从容的心态，追求顺其自然，追求平衡与和谐。饮食清淡，七八分饱；衣着简朴，三四分闲，这种生活多么闲适，多么舒心，但是这样的生活并不是每一个人都能享受的，这并不是有充足的物质就能拥有的，而是需要淡泊宁静的心，需要一份豁达和从容的心态，只有这样，才能随性、细致而从容地应对世界，从中感受生活的美和幸福。

再难过的日子也要笑出来

人生的道路很漫长，每个人在人生之路上都会欣赏到美丽的鲜花，同时也会被荆棘刺伤双脚。不管是对于学业的失意，还是对于疾病的折磨，抑或是面对亲人的生老病死，总之，无论遇到什么，日子再难过，我们也要笑出来，因为我们从踏上人生征途的那一刻开始，就应该接受命运的坎坷和磨难，从而才能够坦然面对生命，让生命绽放出美丽的华彩。

如果我们想要真正拥有人生，也活出独属于自己的风采，那么我们就要接受人生的磨砺，从而让自己变得更加强大从容。就像每一天太阳都会东升西落一样，苦难也理所当然与我们的人生如影随形。对于苦难，如果我们总是排斥和抗拒，那么我们的人生一定会更加紧张局促。如果我们能够从容接受，坦然面对，那么苦难带给我们的负面影响就会降低和减弱，我们的人生也会更加从容不迫。

常言道，哀莫大于心死，任何时候，哪怕我们饱经生活的磨难，只要我们有着更加积极乐观向上的心，我们就可以扬起生活的风帆，奋勇向前。在苦难这所学校中，只要毕业了，我们就能成为人生的强者，无论何时都会在历经风雨之后，绽放出七彩的虹。

提到桑兰这个名字，我们都很熟悉，她是中国的“跳马王”。1998年，对于桑兰来说原本是她人生中最美好的年纪，然而，就在这年7月21日这天，她的人生发生了巨大的改变。

那一天，桑兰正在美国纽约进行赛前训练，她即将参加第四届友好运动会，但在训练中，她在进行手翻转体动作时，突然产生迟疑，导致她头部着地，颈椎严重受伤。她的第五至第七颈椎因为受伤，呈现开放性、粉碎性骨折，而且严重错位，导致中枢神经受伤。

这个时候的桑兰才17岁，从此，她就变成了高位截瘫者。即便对于普通女孩而言，这样的人生也是无法接受的，更何况是作为跳马精灵的桑兰呢！虽然桑兰受伤后就在美国得到了及时救治，但是她的身体再也无法复原了。得到消息后，美国当地民众以及很多中国华侨都对桑兰表现出关心。祖国人民更是时刻牵挂着桑兰的伤情。

桑兰虽然遭遇了常人难以接受的灾难，但是她却从未流过泪，无论何时出现在公众面前都是面带微笑。她坚强、坚韧的笑容不仅征服了祖国同胞，还征服了美国人民。在美国进行10个月的治疗后，桑兰病情稳定，回到国内进行康复训练。她的人生目标从为国争光，争取得到金牌，变成了尽量自理，不给身边的人添麻烦。

命运是如此残酷，但桑兰没有在命运面前低头，她忍受着巨大的痛苦，始终积极康复，与身体因为重伤导致的各种并发症进行抗争。在病情稳定后，桑兰还努力学习文化知识，让自己成功实现了人生角色的转变。

20年时间过去了，桑兰已经拥有了爱她的丈夫和活泼可爱的儿子，她完整了自己作为女人的人生，人生再也没有遗憾了。

面对如此残酷的打击，如果换作其他女孩，也许早就倒下了。但是她没有倒下，她是桑兰，用微笑征服了整个世界的桑兰。如今，桑兰不但从事各种公益事业，而且还拥有了幸福美好的三口之家。不得不说，桑兰是命运的强者，也是人生真正的主宰。

从苦难中找到快乐是一种灵魂洗礼般的人生考验。苦难既能折磨人也能锻炼人，我们要做的就是化苦难为人生的精神财富。能够苦中作乐的人会把苦难当成人生的垫脚石，能化腐朽为神奇。

如果无法拒绝苦难，那就承受下来；如果想远离灾难，那就要学会在苦难中抗争。而抗争苦难最好的方式，莫过于苦中作乐。因为，如果一个人在苦难中还能拥有幽默感，利用不利的因素为自己创造有利的条件，并把欢乐带给周围的人，那他还有什么战胜不了的呢?

1. 不要被自卑心所驱使

悲观的人说："蔷薇有刺。"而乐观的人则说："刺里有蔷薇。"自卑往往是忧愁的根源，一个快乐的人，并非完全没有自卑的时刻，但他能把握自卑，不轻易受它驱使，而且快乐的人懂得将自卑化为动力，使自己过上丰富多彩的生活。

2. 对自己说“不要紧”

在生活中，我们每时每刻都可能遇到一些不如意的麻烦事情。其实，这是生活赐予我们的宝贵财富，如果我们固执于此，任自己较真、沉溺在痛苦之中，我们只会更加烦恼。不如对自己说：“没关系，不要紧，风雨之后，肯定会有彩虹。”这样想来，那些问题还算什么呢?

3. 做一些让人心境平顺的运动

中华民族传统的气功、印度瑜伽等，已被心理学家、保健学家从科学的角度进行研究，得到了“能宁神除烦”的结论。心平气和之时，人的生理机能处于有序状态，意念的引导和快语默诵，实际上起到了“心理反馈”的作用。

4. 在细节处愉悦身心

苦中作乐还表现在很多细节上，对着镜子练习一下微笑，少抱怨、多微笑是人们苦中作乐的不二法宝。天气晴朗的时候抬头看看湛蓝的天空，晚上数一数天上的星星，一个人静静地享受寂寞。即便是种种辛苦难言之事，如果处理得法，也自有其可乐之处。

5. 面对苦楚，从容面对

如果你能从容面对艰难困苦，那你就能在苦难中品味到真正的快乐。所谓“大乐苦中来”，不经一番寒彻骨，怎得梅花扑鼻香？乐是在苦的衬托下才得以存在的。真正的乐需要经过苦难的淬炼才能绽放光芒。面对苦时，不妨保留一份从容，耐心品尝苦中之甘。

有苦有甜，生活才会够味，才会多彩，你才能磨炼出一个更加丰富的自己。用一种积极向上的心理去面对人生、迎接挑战，并努力打破一切烦恼、忧虑的屏障，就获得了成功的一半。

来一次心灵的旅行

曾经有人说过，人的一生有两次冲动：一次是为奋不顾身的爱情，一次是为说走就走的旅行。的确，人的灵魂与身体，至少有一样要在路上，而旅行可以增长我们的知识，我们在旅途中会发现某些更符合自己内心愿望的爱好，而且真的见过就比只在书上看过或者听人说过更有触动性。另外，一个爱好旅游的人往往心胸更广阔，更有解决问题的弹性。

作为现代人，你们的压力到底有多大？无形的压力主要源自三个方面：工作、经济、健康。每天面对这些烦琐的问题，人们难免产生不良的情绪。于是，越来越多的人选择旅行这一减压方式。

旅行有时候是最好的平衡剂，平衡你的欲望，平衡你的心态，找回你对幸福的感知能力。不少人的情感总是细腻的，通过一次旅行，通过旅行中的经历，我们可以思考自己从来不曾想过的问题，丢掉那些让自己烦恼的事情，让心灵得到放松，建构起一个更加细腻丰富的内心世界，让身与心都能享受这次旅行。如果我们迷失了自我，那么在旅行中我们可以重新找回自己，还能明白人生的真谛，更能清楚地知道自己今后的路该如何走下去。

娜娜才29岁，年纪轻轻的她已是一家知名广告公司的创意总监了。实际上，她来这家公司也不到5年的时间，但因为她才思敏捷，加上努力上进，才有了这样的成就。

然而，令娜娜苦恼的是，当上创意总监的她在事业上遇到了瓶颈，她发现自己的思维好像被困住了，很难创作出别具一格的作品来。为此，娜娜非常焦虑。众所周知，对于一个设计师来说，创作力就是生命，而灵感则是创作的源泉。就这样，半年多以来，娜娜每天都生活在焦虑之中，但是又不敢向同事倾诉自己才思枯竭的事实，毕竟，同事之中更多的是竞争关系。

终于有一天，娜娜闲暇时在书上看到这样一句话："不忘初心，方得始终。"她好像一下子如梦初醒，大概是自己在城市生活太久了，心累了。于是，她把手头的工作安排妥当之后，向公司董事会请了年假，外出旅行了。这次旅行，娜娜只带了很简单的行囊和相机。她没有跟团，而是随心所欲地走走看看。她也没有目的地，只是想去找回失去的自己。

娜娜首先去了四川九寨沟，恰逢秋季，她看到的美景让她情不自禁地为之心悸。在成都吃完了美食，娜娜坐飞机去了云南大理、丽江。那里同样是一种精致的美，美得如梦似幻，让人不由得怀疑自己身在梦中。在云南慵懒地住了些日子，娜娜再次打“飞的”去了西藏。看着朝圣的人群，娜娜觉得自己终于找到了想找的地方。每天，娜娜在布达拉宫附近流连忘返，她似乎在寻找自己的灵魂。难怪人们说，西藏是最接近心灵的地方。在这里，娜娜恍然顿悟，她找到了自己，也开始知道自己在寻找什么，又想要什么。

假期很快结束了，娜娜最终还是要离开，虽然她很舍不得，临行前，她默默地对西藏说：“西藏，我一定会回来的。”

娜娜这次旅行的时间为一个多月，这一个多月，娜娜晒黑了，也瘦了很多，但是却感觉自己的精气神好了很多，眼神也清澈了，一眼望去，就像西藏那湛蓝的天空，引人无限遐思。渐渐地，公司中的人发现，在娜娜的作品中，多了一样可遇而不可求的东西，即澄澈的灵活，丰盈而充实。

很难想象，假如娜娜没有及时地选择去旅行，寻找自己迷失的心灵，而是固执地坚守着工作，将是怎样的一番情景。当我们找不到前行的方向，迷失了自己，或者情绪低落的时候，我们总能通过旅行重新找到前进的力量。

旅游可以帮你减轻压力，达到彻底放松、忘掉烦恼的效果，与大自然亲密接触，让你真正解脱！

1. 旅行让我们贴近自然，褪去世俗生活中的疲惫

繁忙的生活，是否让你对工作失去了热情，感到茫然无

措，感觉身心疲惫呢？怎样才能摆脱这种情绪，保持良好的心态呢？去旅行吧。

2. 在旅行中充实心灵，释放自我

在现代社会中，我们面临的压力越来越大，不仅有工作中的还有生活中的，而外出旅游，就能让我们抛下这些烦恼，让心灵更加充实，生活更加快乐。我们不妨试着放下手里的工作，找个时间，去旅游吧，远离城市嘈杂的声音、繁忙的工作，扔掉心中的压抑与烦恼，让心灵更加自由，让心快乐飞翔！

3. 旅行是减轻压力的方法

很多人经常在工作中不断追求，不眠不休、兢兢业业，只是为了自己在某些方面有所成就。长此以往，很可能危害身心健康，甚至患上抑郁症。这时，我们可以通过外出旅游来调节一下自己的心情。

出去旅游，换了环境，远离了让我们烦恼的源头，就想不到那些让你犹豫和烦躁的事情，眼前只有美丽的风景。将自己融入环境之中，那种超脱红尘与世俗的境界，才是远离压力的最好办法。

总的来说，在旅途中减轻压力，充实心灵，通过旅途获得内心的快乐，才是真正的旅游。这种快乐，不是简单的感官之乐，而是触动心灵的真正快乐。有谁不渴望获得真正的快乐？有谁不想自己从繁忙的工作中解脱出来呢？让我们开始吧！

逆境，有什么可怕

人生途中，不管是对于生活还是对于工作，每个人都难免要遭遇坎坷和挫折。每当遇到不如意，我们就马上怨天尤人，怨声载道，则我们无论如何也无法坦然接纳这些不顺，最终导致自己的心情也郁郁寡欢，甚至使事情朝着糟糕的方向发展。那么，面对人生的风雨泥泞，我们应该怎么做才能获得最好的结果呢？那就是认识到逆境背后隐藏的有利因素，其实，逆境是一笔不可缺少的财富。虽然，我们在遭遇逆境、面临失败的时候，都会产生某种程度的负面情绪，不过，假如自己长期与逆境较真，深陷其中不能自拔，那我们注定会遭遇失败。

爱默生曾说：“每一种挫折或不利的突变，都带着同样或较大的有利的种子。”换而言之，即便在黑暗的逆境之中，也往往孕育着璀璨的成功。在逆境中，往往隐藏着宝贵的经验与信念，面对逆境，我们所需要做的并不是自甘堕落、自暴自弃，而是不断地积累失败的经验，在逆境中铸就璀璨的成功。

尤其是面对失败时，与其一味地沉浸在失败的痛苦和沮丧之中，不如斗志昂扬，越挫越勇。只要我们坚定不移地面对人生，我们就能最终战胜失败，也迎来人生柳暗花明又一村的幸运。

史泰龙从小就生活在一个不幸的家庭里，他的父亲是个赌棍，一有不如意就会拿妻子和儿子撒气。他的母亲为了泄愤，也变成了一个酒鬼，常常把史泰龙打得鼻青脸肿。正是这样恶劣的家庭环境，最终使史泰龙学无所成，离开学校变成了一个小混混。直到20岁那年，整日无所事事、游手好闲的史泰龙突然醒悟："我这样和父亲有什么区别呢？只是社会的渣滓而已。我必须改变自己，我要成功！"从此之后，史泰龙痛下决心，一定要活出个模样来！

然而，他学无所成，不可能成为白领按部就班地工作，没有资金支持也无法经商。思来想去，他觉得做演员既不需要高学历，也不需要投入资金，而且一旦成功还能功成名就，因而他当即决定要成为一名演员。对于无任何经验，也无天赋的他而言，想要成为演员也路漫漫其修远兮，需要付出极大的努力。然而既然下定决心，他就不再改变，而是立志勇往直前。

史泰龙来到了好莱坞，寻找各路明星和知名导演，以及制片等，想在他们的推荐下成为演员。事情并不像他想象的那么容易，他一次次被拒之门外，却从未放弃过。他努力寻找自己失败的原因，把每一次拒绝都当成历练。转眼之间，他带来的盘缠都用光了，生活也陷入困顿，他不得不依靠在好莱坞做零工养活自己。在短短两年的时间里，他被拒绝了成百上千次却依然不忘初心，他暗暗告诫自己："我必须努力，必须成功！"最终他想出了一个迂回曲折的办法，即先写出一个剧本，等到导演看中剧本之后，再要求自己当主演。原本对于演艺圈一窍不通的史泰龙，在两年多的历练中渐渐具备了写剧本的能力，然而在他拿着历时一年多才写好的剧本四处向导演推销时，等待着他的依然是无休止的拒绝。在他遭遇无数次拒绝的某一日，一个曾经对他说了20多次“No”的导演，终于被他感动，决定给他一个机会证明自己。

最终，史泰龙出演的第一集电视剧，就在美国创造了最高的收视纪录，从此他一炮走红，成为举世皆知的好莱坞影星。

史泰龙之所以能够在被拒绝无数次之后依然获得成功，就是因为他从未感到气馁，也没有因此使自己的整个人生沉沦下去。相反，他越挫越勇，始终不忘自己最初的梦想，坚持行进在完成梦想的路上，有着让人钦佩的勇气、决心和毅力。也正因为踩着失败的阶梯不断向上，他的努力最终才能获得回报，他也成为一名大名鼎鼎的好莱坞明星。

美国著名心理学家贝弗利·波特认为，当一个人在工作中获得的挫败感，远超于他获得的成就感时，他就会感到沮丧，对工作失去热情，进而产生倦怠。在人生道路上，成功没有巅峰，追求没有止境，短暂的荣誉往往会束缚人们前进的手脚，一时的辉煌往往会消减人们的斗志。而逆境，让人痛心更催人奋进，既让人难堪更让人坚定，让人们在放弃时能鼓足勇气，想逃避时拾起自尊。逆境是成功的前奏，是一笔宝贵的财富。在逆境中奋进，在低谷中抓住机遇，不断地尝试，最终一定会拥抱成功。为此，你需要明白：

1. 每个逆境都隐藏着契机

席勒曾说："任何一个苦难与问题的背后，都有一个更大的祝福。"其实，不止如此，逆境给我们带来的不仅仅是打击和失败，也不止是祝福，蕴藏更多的是无限的机遇。

不得不承认，我们在人生道路上，谁都无法避免逆境，如果缺乏自信、心生畏惧，那么，不仅抓不住机遇，反而会被困难吞噬。生活是一道选择题，当你选择了坚持，机遇就有可能会降临；如果你选择放弃，那机遇也不会光临于你，没有经过逆境的磨炼，就不会有未来的璀璨与辉煌。

2. 从逆境中崛起，你就获得了成功

虽然，黑暗的逆境之中隐藏着璀璨的成功，但是，如果你连逆境都战胜不了，又何来成功呢？在人生的旅途中，明明知道成功就在前方，在逆境面前，有的人还是选择放弃，最终他们丧失了成功的机会。所以，在逆境中，别较真，别畏惧，只要我们能够坚持到底，就一定能获取成功。

朋友们，人生之中遭遇失败是很正常的，我们唯有端正态度对待失败，才能在失败到来时，毫不气馁，更不沉沦，而是鼓起勇气再次努力，争取获得成功。假如我们遇到失败就沉沦、止步不前，则我们的人生永远也无法得到成功的青睐。总而言之，失败不可怕，只要我们有一颗永不言败的心，我们就能战胜失败，在人生的路上勇往直前！

学会苦中作乐，生活就甜了

有位哲人曾经说过：孩子一出生就是哭泣的，因为他们知道自己将要面对很多的苦难。诚然，我们的生活中充满了各种各样的苦恼。家人身体不健康、工作不顺利、失恋、失业、求职碰壁等，所有这些烦心事都让人头疼无比。遇到这些事情，我们可能会产生坏心情，可能会抱怨、生气等，但这些负面情绪都对事情的解决毫无益处。古希腊先哲埃比提德曾经说过："骚扰我们的，是我们对事物的意识，而不是事物本身。"这句话就是要告诉人们，坏情绪不能帮助你解决任何问题，还会为你带来很多莫名的苦恼。其实，生活本来就是苦的，如果我们学会苦中作乐，生活就甜了。

苦中作乐，就是要我们学会笑对生活，笑是一种简单而又愉快的运动，幽默产生的时刻，也正是人的情绪处于坦然开放的时刻。幽默和健康是分不开的，"心中常有喜乐，身体常保健康"。古罗马人相信笑应该是属于餐桌上的，因为笑能促进消化。学会了苦中作乐，你就窥见了通向身心健康的门径。

东晋初期，有个著名的北伐将领叫祖逖（266—321），字士稚，范阳通县（今河北涞水）人，此人性格豁达、仗义疏财、胸怀坦荡、为人正直，唯一的缺点就是不喜读书。

后来，他终于认识到自己知识的不足，深知不好好读书，就无法更好地报效国家。

于是，他开始广泛阅读书籍，认真学习，从中汲取了丰富的知识，学问大有长进。祖逖24岁时，曾有人推荐他去做官，他没有答应，仍然不懈地努力读书。

后来，祖逖与幼时的好友刘琨一起担任司州主簿。他与刘琨两人的感情深厚，不仅常常同床而卧、同被而眠，而且还有着共同的远大理想：建功立业，威为国家的栋梁之材。

一次，还是半夜时间，大家都在睡梦中，祖逖就好像听到了公鸡打鸣的声音，于是，他一脚把刘琨踢醒，对他说：“你听见鸡叫了吗？”

刘琨迷迷糊糊地说：“半夜听见鸡叫不吉利的。”

祖逖说：“我不这样想，咱们以后干脆听见鸡叫就起床练剑如何？”

刘琨同意了。于是他们每天鸡叫后就起床练剑。春去冬来，寒来暑往，从不曾间断。

后来，祖逖被封为镇西将军，实现了他报效国家的愿望；刘琨做了征北中郎将，兼管并、冀、幽三州的军事，也充分发挥了他的文才武略。

人生没有绝对的苦乐，万事万物都是可以相互转化的，只要我们有快乐的内心，再大的苦也只是浮云掠过罢了。人生无绝对，想要人生变得广阔，就要多欢喜、多微笑，因为快乐才是人生不断向上的动力。

我们的生活状态在很大程度上取决于我们对生活的态度，

取决于我们看待问题的方式。每个人的人生都是从一张白纸开始的，以后所发生的事情都会渐渐在白纸上绘满轮廓：包括我们的经历、我们的遭遇、我们的挫折。乐观者会从中发现潜在的希望，描绘出亮丽的色彩；悲观者总是在生活中寻找缺陷和漏洞，所看到的都是满目暗淡。

在炎热的沙漠，两个焦渴疲惫的旅人拿出唯一的水壶，摇了摇，一个旅人说："哎呀，太糟糕了，我们只剩下半壶水了。"而另一个旅人却高兴地说："真幸运，我们还有半壶水！"在现实生活中，许多事情都像那半壶水一样，多个角度或者换个角度，你就有了不同的心情、不同的答案。多个角度看问题，我们要有推翻成见的勇气和别出心裁的智慧，即使在黑暗的峡谷，我们也会沿着光走出来，你会有一种豁然开朗的感觉。

有两位年轻人到同一家公司求职，经理把第一位求职者叫到办公室，问道："你觉得你原来的公司怎么样？"求职者脸上满是阴郁，漫不经心地回答说："唉，那里糟透了，同事们尔虞我诈、钩心斗角，我们部门的经理十分蛮横，总是欺压我们，整个公司死气沉沉的，生活在那里，我感到十分压抑，所以，我想换个理想的地方。"经理微笑着说："我们这里恐怕不是你理想的乐土。"于是，那位满面愁容的年轻人走了出去。

第二个求职者被问了同样的问题，他却笑着回答："我们那里挺好的，同事们待人很热情，互相帮助，经理也平易近人，关心我们，整个公司气氛十分融洽，我在那里生活得十分愉快。如果不是想发挥我的特长，我还真不想离开那里。”经理笑吟吟地说：“恭喜你，你被录取了。”

莎士比亚说过：“聪明的人永远不会坐在那里为自己的损失而哀叹。他们会用情感去寻找办法来弥补自己的损失。”毛主席赠柳亚子诗曰：“牢骚太盛防断肠，风物长宜放眼量。”意思是说对待困惑，眼睛要看得远，心要想得开，做到不疑、不愁、不怒，豁达乐观。这样才能烟消云散，天高地阔，去迎接生活的每一天。

总的来说，真正的幸福，不是过去也不是未来，而是抓住现在手心里的幸福。其实每个人的人生都不会比你更容易，扮演好自己的角色，就会拥有一个属于自己幸福的人生。

第2章 认真的你最美丽，热情的你最无敌

生活中，人们常说，人生苦短，及时行乐。我们每个人都在追求快乐，也不会拒绝快乐，然而，怎样才能获得快乐呢？这是我们一直在思考的问题，其实，快乐和幸福在于当下，要想获得快乐，需要我们认真过好每一天，哪怕生活平淡，也要用心经营、努力向前，这样你的生活才会多姿多彩，你周围的世界才会五彩斑斓。

梦想总要依靠热情来实现

现实生活中，任何一个人都怀揣梦想，希望可以大展拳脚，但现实的状况可能是，面对每天都必须做的重复的工作，他们已经失去热情，甚至开始抱怨，却拒绝做出改变。如果你问他们，为什么不干脆辞职，或者要求调任，或者做点什么来改变这种局面的话，他们总是有各种各样的借口：我还要还贷款；我的家人不允许我这么做；我对这份工作已经习惯了；也许没有更好的地方了；我的工资很高，我舍不得放弃这份高薪工作；我没有其他方面的技能；我只会做这个；等等。而这些，都是对工作不热爱的表现，以这样的状态，你会发现，工作是枯燥的，工作效率也是低下的。事实上，无论你从事哪行，热情都是你成功的动力。蒂夫·鲍尔默说：“我想让所有的人和我一起分享我对我们的产品与服务的激情，我想让所有的员工分享我对微软的激情。”卡耐基说：“除非喜欢自己所做的工作，否则永远无法成功。”

成功始于源源不断的工作热忱，你必须热爱你的工作。热爱你的工作，你才会珍惜你的时间，把握每一个机会，调动所有的力量去争取出类拔萃的成绩。

科学研究表明，人一旦对某种活动产生了兴趣和热情，就能提高做这种活动的效率。古今中外许多科学家、发明家取得伟大成就的原因之一，就在于由浓厚的认识兴趣所产生的强烈的求知欲望。

“兴趣是最好的老师。”对人类做出杰出贡献的大科学家爱因斯坦的这句至理名言被许多教授在课堂上引用。任何一个有所作为的人，在他们的成才历程中，兴趣都对他起到了巨大的、不可替代的作用。当你热爱你的工作的时候，你的工作就不单纯的是一种劳动，而是一种娱乐。你可能因为看一部电视剧而24小时不睡觉，你可能因为一个游戏几天几夜不合眼甚至不吃饭，归根结底，那是因为你热爱、你投入。

世界上没有卑微的工作，只有卑微的心态。如果你以麻木的态度对待工作，就是亵渎了自己和自己的工作。要热爱自己的事业，这是成功的起点。在喜欢自己工作的情况下，即使做得再累，也往往不会觉得辛苦。事实上，当一个人真正喜爱自己的工作时，他根本就不觉得是在工作。

有句话说得好：“选择你所爱的，爱你所选择的。”为了培养你对工作的热情，你需要做到以下几点：

1. 选择你感兴趣的工作

任何人，只有对自己感兴趣的事，才愿意投入精力和热情，我们的工作也是如此，如果你并不了解自己的兴趣所在，你怎样才能挖掘出它们呢？有很多方法可以做到这一点。例如，在你目前的工作中，你最喜欢它的哪些方面？是和他人共处，还是不和他人共处？是智力挑战，还是解决问题或者某个问题在某一天结束的时候有了具体答案的满足感？

2. 如果你的工作还不错，不妨转换对工作的态度，尝试热爱它

我们都清楚，工作并不是兴趣爱好，很多时候其实它是无趣的，甚至让我们感到枯燥。一份工作到底好不好，来自你的看法，对于工作，我们可以做好，也可以做坏。可以高高兴兴和骄傲地做，也可以愁眉苦脸和厌恶地做。如何去做，这完全在于我们。所以只要你在工作，何不让自己充满活力与热情呢？

3. 你还需要从工作中寻找成就感

例如，如果你是教师，你可以通过观察每个学生在学习上的进步、心智的成长来获得乐趣；如果你是医生，你可以从帮助患者排除病痛中获得快乐。另外，你还应该认识到，在每一份工作中，我们都学到了不同的知识。

因此，无论你现在从事什么样的工作，你都应该学会热爱它，即使这份工作你不太喜欢，也要尽一切能力去转变，并凭借这种热爱去发掘内心蕴藏的活力、热情和巨大的创造力。事实上，你对自己的工作越热爱、决心越大，工作效率就越高。当你抱有这样的热情时，上班就不再是一件苦差事，工作就变成了一种乐趣，就会有许多人愿意聘请你来做你更热爱的事。

如果你对工作充满了热爱，你就会从中获得巨大的快乐。

因此，热爱你的工作吧！一个人所从事的工作，是他获得幸福的源泉，是他的理想所在，是他对待人生态度的体现。工作将填满你的大部分人生，人生唯一能获得真正满足的方法就是——做你相信是伟大的工作，而伟大的工作是你所热爱的事业。我们可以从工作中释放自己的热情、释放自己的能量、释放自己的智慧，来获取一份快乐、一份成功！

像孩子一样率真生活

对于我们大部分人来说，将自己历练成为一个成熟、稳重、低调的人，大概是我们努力的目标，长辈也教导我们不可年轻气盛，要克制自己的情绪，但这都不代表我们应该压抑自己的喜怒哀乐。哈佛大学一位教授曾说过："我每次都很紧张，因为我害怕被发现一些内心的感受，但却被自己搞得很累，学生们也很累，我极力想表现自己完美的一面，争取做个'完人'，但每次都适得其反。其实，打开自己，袒露真实的人性，会唤起学生真实的人性。在学生面前做一个自然的人，反而会更受尊重。"

的确，人无完人，追求完美固然是一种积极的人生态度，但如果过分追求完美，而又达不到完美，就必然会心生浮躁。

过分追求完美往往不但得不偿失，反而会变得毫无完美可言。

我们不妨先来看看下面的职场故事：

小米是一家知名广告公司的职员。当初小米和众多职场新人一起挤破了脑袋进了这家公司，并不是因为薪水高，而是因为她觉得自己需要磨炼，需要一个地方提升自己的能力。这家实力雄厚的公司成了她的首选。

但实际上，和任何员工一样，小米对高薪水也是充满向往的。她知道，公司每个人的薪水都是不同的，而她是一名刚走出校门的新人，又没有工作经验，在这里的薪水自然是最低的。但小米相信，总有一天她会一点点将自己的薪水提高，于是，她一直埋头工作，并未显示出对薪水的不满。

有一天，当她正在食堂和同事们一起吃饭的时候，一个50岁左右的老人端着饭坐在了小米的旁边，小米觉得奇怪，因为她并没有见过这个老人。

老人主动找小米说话："小姑娘，在这上班没多久吧，习惯吗？"

一看老人这么和蔼，小米也不好拒绝，就聊了起来："挺好的，同事之间也都相处得很好。只是……"

"只是什么？"老人好奇地问。

"工资太低了，都不够我一个月生活费！"小米见是个陌生人，领导又不在，也就脱口而出了。

"是吗？"

“是啊，不过其实也没什么，大家的标准都是一样的，我目前还没有资历拿高工资，因为在这里都是为工作而来的，我们不能一味为工资而工作，而是为了提升自己的能力、提升工作的质量。”小米一口气说完了这些。

老人听完笑了笑。等老人走后，有个主管跑过来对她说，那个老人是集团的董事长，小米觉得自己惹麻烦了，急得像热锅上的蚂蚁，但是急也没用了，只能等待“死讯”的来临。

但奇怪的是，小米并没有收到解雇的通知。第二天，经理召开了会议，公司大大小小员工都参加了，会上，小米又看见了那个老人，老人说：“直到昨天，我才知道，原来这些年来公司员工的薪资水准还停留在5年前，这明显是不合理的嘛，怎么一直没人跟我说？幸亏昨天有个年轻人跟我说了这些。”小米起初很害怕，以为董事长要在会上当面批评自己，现在一听，原来他在夸奖自己。后来，董事长宣布提高工资水准，就这样，小米成了公司的大功臣。

故事中的新员工小米可以说是歪打正着，本来在公司谈薪水是很忌讳的事，但她一番无心的话却让自己涨了工资，还成为同事眼中的“功臣”。她的一席话虽然是脱口而出，并未进行深入思考，但是却深得人心，领导听了也能欣慰地接受。

从心理学上来讲，虽然任何人都喜欢听好话，但没人有愿意听假话。事实证明，现实生活中，人们更愿意与那些做人做事光明磊落、真性情的人交往。而对于那些苛求完美、从不显露自己的脾气、秉性的人，人们则敬而远之。因为人们都知道，“金无足赤，人无完人”，那些“趋于完美”“毫无瑕疵”的人虽然在为人处世上并没有多少过错，但未免显得不够真诚；他们虽然优秀，但不可爱。为此，现实生活中，与人打交道，我们一定要做到真情流露，说真话、做真事，有情绪也不要刻意压抑。

可见，生活中的我们，也应保持率真的心态，即使是小小的喜悦之情，也应表达出来。这才是真实的你，真实的人生。

一天，因为单位同事喜得贵子，小王和单位其他同事一起前来道贺。来到同事的家，小王环顾了一下，发现同事的家布置得温馨、可人，尤其是悬挂着的那些花花草草，更是为整个家增添了几分情致。

正当小王观赏之时，同事说：“这几盆花草有真有假，你们看出来了吗？”

“我怎么没有看出来呢？”另外一个同事反问道。

“谁能不用手去摸，不靠近用鼻子闻，在5米以外准确地指出真假，我就送给谁一盆郁金香。”主人有些得意地说。

听到主人的话，大家都兴致勃勃地仔细观察起来。只见眼前的几个盆栽，都长得极为茂盛，看起来个个碧绿如玉，青翠欲滴。乍看之下，真是分不出真假，可是用心观察，还是能发现其中的不同。小王偶然发现有三盆花依稀能够找到枯萎的残叶，有的叶片上还有淡淡的焦黄，显示出新陈代谢和风雨侵袭的痕迹。可是另外两盆，绿得鲜艳，红得灿烂，没有一片多余的赘叶，没有一丝杂草，更没有一根枯藤。一切都是精心设计、精心制造的结果，它们显得完美无缺。看着它们，似乎这完美的东西远不如那些夹杂着残枝败叶的新绿更令人愉快。小王很快分辨出这些花的真假。

人生原本就是极为真实、简单的，且存有不可避免的缺陷，有些人对完美生活的幻想超出了生活本身，刻意装点的生活就如那盆假花一样，虽然看起来很精致，但总会缺乏生气，缺少生命经历过的真实。如果时时都是如此的心境，事事都是如此的状态，生活的一切虽看似华丽或精细，但它始终缺少灵魂的寄托。

不完美的人生才是真实的，率真的人才具有真性情，人们大多愿意和这样的人打交道。

总之，你应该明白，每个人在生活中都有自己的位置，每个人都扮演着不同的角色，在自己的世界里，我们是主角，在别人的世界里也许只是跑龙套。像个孩子一样率真地生活，才能保持快乐的心情，坦然面对生活的一切。

平淡生活，也要饱含热情

有人说，生命是一个括号，左边括号是出生，右边括号是死亡，我们要做的事情就是填括号，要争取用精彩的生活、良好的心情把括号填满。因此，我们每个人都要珍惜今天，热爱生活。的确，人就是要活出自我，活出自己的风格，多给自己一点爱，多珍惜自我，像季羡林老先生一样“快乐地活在当下”。因为不懂得珍爱自己的人，也不会真正懂得去爱别人。学会给自己亮丽的心灵画上会飞的羽翼，即使不能飞翔，至少证明我曾爱过自己，推己及人地爱过他人，我们的心地是洁净的。不要不惹尘埃，而是应该把净土留在心底，将爱留给人间。

现在的你，如果觉得生活无趣，那么，你最好调整自己。对此，你不妨从以下几个方面努力。

1. 无论如何，要有自己的工作，要认识到工作的必要性和美好

谈到幸福，每个人的看法不同，但无论如何，幸福的状态不是养尊处优，其实，幸福来自自我价值的实现，詹姆斯巴里说：“快乐的秘密，不在于做你所爱的事，而在于爱你所做的事。”工作在我们的人生中占据了大部分最美好的时光。比尔·盖茨有句名言：“每天早上醒来，一想到所从事的工作和所开发的技术将会给人类生活带来巨大的影响和变化，我就会

无比兴奋和激动。”

我们不妨先来看下面一个故事：

很久以前，在西方，有一个人在死后来到一个美妙的地方，在这里能享受到一切他曾经没有享受过的东西，包括妙龄美女和美味佳肴，还有数不尽的佣人伺候他，他觉得这里就是天堂。可是在过了几天这样的生活后，他厌倦了，于是，对旁边的侍者说：“我对这一切感到很厌烦，我需要做一些事情。你可以给我找一份工作做吗？”

没想到，他所得到的回答却是摇头：“很抱歉，我的先生，这是我们这里唯一不能为您做的。这里没有工作可以给您。”

这个人非常沮丧，愤怒地挥动着手说：“这真是太糟糕了！那我干脆就留在地狱好了！”

“您以为，您在什么地方呢？”那位侍者温和地说。

这则寓言故事是要告诉我们：失去工作就等于失去快乐。但是令人遗憾的是，有些人却要在失业之后，才能体会到这一点，这真不幸。

2. 注重提升自己的精神修养

我们努力工作，很多时候是为了提升物质水平，但这是远远不够的，我们还必须提升自己的文化修养，而且，无论什么时候，渊博的知识、良好的修养、文明的举止、优雅的谈吐、博大的胸怀以及一颗充满爱的心灵，这些都可以让你活得有声有色。

3. 培养热忱的工作态度

一个幸福的人，哪怕他只是拥有一份很普通的工作，他也会踏实、勤奋、敬业，也会用自己的热忱去经营人生。

总之，我们每个人都应该懂得做自己和生活的主人，懂得为自己争取更好的生活，而这，就需要保持一种健康、乐观的心态，拥有一颗热爱生活的心！

兴之所至，随性生活才快乐

日常生活中，我们都强调做事要有规划，要按部就班实现目标。为此，一些人慢慢把自己变成了一个循规蹈矩的计划的执行者，以至于让人生早早成为几件板上钉钉的事。也有一些人努力上进，马不停蹄地往前赶，他们不允许自己有丝毫懈怠，然而久而久之，他们把自己搞得精疲力竭。事实上，人的一生，须臾即逝，我们固然应该努力前进，但应该有趣地生活，兴之所至地活，尽管不完美，就一定很精彩。

毕希纳曾说：“人啊，自然一点吧！你本来是用沙子和泥土制造出来的，你还想成为比灰尘、沙子和泥土更多的东西吗？”是的，学会自然一点吧，随遇而安，兴之所至，我们就能获得更多的幸福。这不是一种盲目的乐观，而是一种对待生活的态度，它是一种来自心底的信念。

在这个世界上，凡事都有缺憾，万事万物并不存在绝对的完美。真正的美就是不完美，那个断了手臂的维纳斯，如果不是它的缺憾美，就没有那么多人驻足欣赏了。因此，即使被命运捉弄，我们也不必懊恼，不要心灰意冷而错过了成功的机会，留下终生之憾。智者从不完美起步，强者在不完美中超越，只有那些愚蠢的人才会计较生活中的缺憾，因此，凡事随遇而安，不完美才是人生。

林清玄说：“在人生里，我们只能随遇而安，来什么，品味什么，有时候是没有能力选择的。”我们应该学会随遇而安，这样我们就能够轻松地击垮那些看似不可战胜的困难，如果自己不幸被生活中的黑暗所偷袭，那就当是一次尝试好了。

要做到兴之所至地生活，首先要我们认清生活的本质。有人说，生活其实就是一条水流湍急的河，身处湍急河流中的人，也许会头晕眼花，但是站在河堤上的人却随意自在，我们也应该有这样的心态，凡事从容应对，学会放弃，那么，生活中自然就多了更多的选择，人生洒脱点，自然就更为喜悦和快乐。

其次，随性生活，凡事自在。这就需要我们内心坚定，不患得患失，凡事也不必太过理性，多一些随心所欲吧，但你的内心要坚定地知道自己要的是什么，昨天的路已经走过，明天的路还未到，今天无论你做了什么，都不要后悔，人生风景无限，错过这边的却得到那边的，所以人生所有的得来自失。

或坐，或卧，或对饮，或畅谈，无论怎样都是绝对的自由自在。你设计过你的人生吗？你是否是沿着你设计的路小心翼翼地在走？有多少人是设计了然后坚持不懈地走到了终点？生活中有无数的细节，你没有未卜先知的超人力量，来设想人生的每一步，所以放弃那些中规中距的束缚，只要认真地热爱生命，并且不停地期待改变与惊喜，总能迎来成功的人生。

可能你会说，这样做是不是不诚实？是否是没有认真对待生活的表现？人的一季有一季的美丽，如果这些行为是年少的轻狂，那就轻狂吧，只要觉得快乐，当你回头来看的时候就不会觉得身后的日子是苍白的。那里除了有置身其中的愉悦外，更多的是从和煦的阳光、草地的芬芳以及倾听树尖风语中获得惬意的享受。

生活中最大的热情是快乐

人生苦短，人们都愿意快乐、积极地生活，并且，我们终其一生，寻找的不过是“快乐”二字。所以每天醒来，我们应该带着笑脸出门，带着笑脸工作，带着笑脸社交，微笑面对朋友，用开心和快乐去感染家人、感染同事、感染朋友……尽情享受生活的甜蜜与温馨。远离一切不快情绪的感染，给家人一份快乐，给同事一份快乐，给社会一份快乐……我们的生活才会天天阳光灿烂。

从心理上讲，幸福与快乐就在自己的心中，幸福和快乐关键在于自己，在于自己对人对事的态度。替人着想作为一种内心的愉悦体验，是获得幸福快乐的捷径，我们又何乐而不为呢?

大学毕业后，他放弃了父母托关系为他找的铁饭碗工作，只身带着单薄的行李南下，来到了沿海地区。刚开始的时候，因为要求太高，他处处碰壁，找不到工作，生活费也所剩无几了。后来，他放低了自己的要求，委身在一家IT企业做一名普通的文员，拿着微薄的薪水，勉强能够养活自己。朋友打电话会为他惋惜："这么优秀的人才，甘愿做一个文员，这简直是大材小用。"他笑了，没有任何的抱怨。

每天做很简单、枯燥的工作，他都能从中找到快乐，而且他好学，遇到什么不懂的问题都会向同事请教。时间长了，老板欣赏他的踏实与认真，晋升他为秘书。之后，不断地升职，他已经在企业有了响当当的名字，这时候，他毅然放弃了高薪职位，拿着多年的积蓄，开了一家小公司。同事都觉得他很愚笨，只有老板对着他远去的背影，竖起了大拇指。小公司在他的努力经营下，一天天成长，他成了远近闻名的大老板。每次回家探亲，亲戚都忍不住大加称赞，他只不过笑着说："我只是做小本生意，没有你们想象的那么优秀。"

那一年，金融海啸，他的公司也没能幸免。得知消息的时候，他还在家里，父母担心地看着他。他很安静，反而安慰父母："没事，当年我也是一无所有，东山再起不过是时间的问题而已。"他赶到公司，把剩下的资金发给员工，解散了公司，因为经营有方，即便出现了这样的灾难，公司也不用举借外债。他带着行囊回到了父母身边，和父母一起开了家小饭馆，偶尔打打小牌，种点花草，养点小动物，日子很惬意，一点都看不出他曾经风光的痕迹。

面对人生中的每一次失败，他并没有气馁；面对事业上的成功，他也并没有狂傲。自始至终，他都是以平常的心态来对待，生活的大起大落在他身上没有留下一丝痕迹，有的是那份更加从容的心情。他的一生，真真正正地做到了乐天知命。

那么，具体说来，我们该如何保持快乐的情绪呢?

1. 积极暗示自己，让你自己变得快乐起来

每天早上起床时，你都可以这样暗示自己："今天将是美好的一天！"并让这个自我激励深入潜意识中去。当你在奋斗过程中精神不振的时候，这样的潜意识就会引导你采取热情的行动，变消极为积极，焕发奋斗的活力。

2. 展现你的热情

热情与快乐是一对连体婴儿。你是快乐的，就会是热情的，热情并不是为了取悦他人，而是让自己快乐，当你热情面对生活、面对他人时，你自然就快乐了。

3. 让你的微笑活泼一点

微笑是人类与生俱来的本能，然而，可惜的是，这一本能却常常由于各种原因被人们搁浅、关闭甚至遗忘。不笑的原因就挂在嘴边：上班族说是因为太多繁杂重复的例行公事，老板们说是因为企业面临的巨大压力……尤其在陌生的环境里，微笑最容易被我们忽略。

如果你的微笑可以活泼一点的话，将更能表现你的真诚与快乐。当你对别人说“谢谢”的时候，要真心实意，言必由衷。你说的“早安”要让人觉得很舒服，你说的“恭喜你”要发自肺腑，你说“你好吗”时的语气要充满了深切的关怀。一旦你的言辞能自然而然地渗入真诚的情感，你就拥有了引人注意的能力。

因此，在人生的旅途中，做好自己，认真对待每一天，即使错了也不要去追悔。我们每一个人都普普通通，并不是圣人，无论你愿不愿意，时光都会悄悄地带走一切，而你始终要前行。虽然身心疲惫，即使步履匆匆，也要乐观地向前看，虽然并不知道前面是不是自己的理想之地，但你却可以对自己说“无怨无悔”。人生路上，不要有太多的患得患失，以一份平静的心情来迎接人生中的每一次挑战，让生命焕发绚丽的光彩。

相信自己，努力才有价值

哲人说，我们每个人都具有世界上独一无二的价值，没有任何人、事、物能够取代我们，也没有任何人、事、物能够贬低我们，除非我们自己看轻自己、自己贬损自己。

的确，人活着，就应该相信自己，即使处于低潮，也要鼓励自己。在人生的旅程中，我们无法避免诸多的挫折，但是不管那些无情的打击如何使我们痛苦、受伤、难堪，我们都不应该忘记自身的价值，更不应该认为自己一无是处，从而妄自菲薄。

有位谦虚好学的画家，一次，他将自己的画送到画廊展出，在画的旁边，他特地留下了一支笔，并且写上了这样一句话："观赏者如果认为这画有欠佳之处，请在画上标上记号。"

结果，画展结束后，他看到了整个画上标满了符号，几乎没有留下空白的地方。

又过了一段日子，他的另外一幅画要展出。这次，他同样在画的旁边留下一支笔，但这次他写的内容是："请观赏者将你们最为欣赏的妙笔都标上记号。"

画展结束之后，画家取回了画，看到画上又被涂满了记号，那些之前被指责的地方都换上了赞美的标记。画家明白一个道理：凡事只要自己欣赏就行了，孤芳自赏其实并不是坏事。

很多时候，我们对自我的评价往往会受他人评论的影响，诚然，对于他人的意见我们需要虚心接受。但是，任何一个人对事物或人的评价，总是不够全面。简单地说，每个人都有自己的价值判断标准，那些影响我们心理的评价并不一定就是中肯的意见，更多的时候，需要我们去欣赏自己、认可自己，虽然这有点“孤芳自赏”之嫌，但是，若没有“孤芳自赏”，哪来强烈的自信心呢？

歌德曾说过这样一句话：“一个人要想成功，首先要视自己比实际的自己更伟大才行。”人生漫漫征途，在前进的旅程中，我们每个人都要找准自己的位置，在生活这片蓝天里，给自己准确定位，让自己驰骋在最适合的领地。对此，哈佛告诉我们：人活于世，每个人都有自己的价值，都是独一无二的自己，切不可因为在某方面逊色于别人而失去自我。当然，每个人都希望自己能够翱翔于蓝天，驰骋于大地，但是，在梦想开始放飞之前，我们需要清楚地认识自己，你是否具有翱翔的能力？你是否能够驰骋于大地？如果在没有了解自己的情况下就擅自定位，一旦梦想跌落，内心的失望是无法忽视的。另外，要实现自己的价值，我们还要明白，必须付出超出常人的努力。

孙女士是一个典型的事业型女人，但同时，她又是个不喜欢喧闹的人。2003年，她开了一家茶楼，很多朋友问她为什么做这行，她的回答是：“我喜欢安静的氛围，听安静的音乐，安静地喝着茶，那么，生活、工作中的压力都会不翼而飞了，我觉得开这个茶楼能让客人心神安宁。”

孙女士的茶楼黑白色调，纯正的法式美味，大厅里有一面偌大书墙，清淡的书香与法式气质融为一体。认识她的人都说，孙女士像极了她店内墙壁上所画的女子：安静、温柔、追求完美。开业至今，茶楼在圈内已小有名气。

但她似乎总是充满能量，总是不知疲劳地工作。

对孙女士来说，最快乐的事情是早上起来，出门之前看着儿子在楼下玩耍，因为她要到深夜才回家。“我希望客人在第一时间里就能感受到我们准备好的一切——干净的空气、新鲜的花、明亮的玻璃窗、没有味道的卫生间……”孙女人总喜欢亲自招呼客人，“我所做的全部都是站在客人的角度上，把自己当成一个客人去挑剔。”

无论什么时候，孙女士都是一个工作狂：以前作为公司的部门经理，每天工作时间常常超过8小时，精力旺盛，喜欢挑战；自己做老板了，还事必躬亲。“我只要一工作就感觉非常满足，”孙女士说，“我觉得我是属于压力型的，压力越大工作越出色。”

故事中的孙女士为什么能拥有成功的事业？因为努力！其实，你也能做到，即使你现在厌烦工作，坚持再做一些努力，忍辱负重、积极向前，这将使你的人生发生根本大转变。

有人说，我们的命运如同一颗麦粒，有着三种不同的道路。可能被装进麻袋，堆在货架上，等着喂给家畜；也可能被磨成面粉，做成面包；还可能被撒在土壤里，直到金黄色的麦穗上结出成千上百颗麦粒。人和一颗麦粒唯一的不同在于：麦粒无法选择是被吃掉还是被做成面包，或是种植生长。而我们有选择的自由，有行动的自由，更有心的自由。我们不该让生命腐烂，更不该让它在失败、绝望的岩石下磨碎，任人摆布，而应该选择自己的人生，因为每一个人都是特殊的个体，上帝赋予了我们独特的个性，就是要我们自信，且相信通过自己的努力能实现自己的价值，进而让人生变得丰富多彩。

生活因宽容而美好

人生在世，孰能无过？人生漫漫，其实充其量也不过几十年，几十年的光阴倏忽而过后，便觉时光过得太快了。人生苦短，短短的人生当中，幼时不知世故，青葱茫然四顾，青年为前程奔波，中年为生活所累，春去秋来老将至，病痛又不邀而至……总之人生苦短。然而，在这短短的人生旅途中，有多少人心怀怨恨地生活着？不是怨恨同学就是怨恨同事、亲朋，他们的胸膛里都是熊熊的怨恨之火，有时候一丁点儿的小矛盾引发的怨恨也会导致灭顶的灾害。如果真的能够抛掉这许多的怨恨，以博大的胸怀去宽容别人、原谅别人，就是一种很高的人生境界。

宽容是一种美德，如果我们不能以善良、忍耐和宽容的心情来包容这个世界，那么，这个世界上将永远是忧伤和哀叹，而快乐与幸福将远离我们。有人不明白，宽容到底是什么？当一只脚踩到了紫罗兰的花瓣上，而我们的鞋底却保留着花的香味，这就是宽容的最好诠释。古人云："金无足赤，人无完人。"谁都有犯错误的时候，更何况"知错能改，善莫大焉"，当一个人无意犯下了错误，或者是伤害了你的时候，何不给对方一个宽容的微笑呢？

第二次世界大战期间，一支部队在森林中与敌军相遇，经过了一场激烈的战争之后，两名战士与部队失去了联系，两人只好相依为命。两人来自同一个小镇，他们在森林中艰难跋涉，互相安慰，可是，10多天过去了，他们仍然没有与部队联系上。有一天，他们打死了一只鹿，他们凭着鹿肉艰难地度过了几天。也许是战争使动物都逃走或被杀光了，他们再也没看到任何动物，两名战士只剩下一点鹿肉，继续前行。

这一天，两名战士在森林中与敌人相遇，经过激战，两人巧妙地避开了敌人。就在他们脱离了危险的时候，却听到一声枪响，走在前面的年轻战士中了一枪，幸运的是伤在肩膀上。后面的那位战士惶恐不安地跑过来，他害怕得语无伦次，抱着战友的身体泪流不止，赶快撕下自己的衬衣将战友的伤口包扎好。那天晚上，没有受伤的战士一直念叨着母亲的名字，他们都认为自己熬不过这一关了，尽管他们十分饥饿，但谁也没有动身边的鹿肉。不过，幸运的是，第二天部队救出了他们。

30年过去了，那位受伤的战士说："我知道是谁开的那一枪，就是我的战友，当时在他抱住我时，我感觉到他的枪管是热的，我怎么也不明白，他为什么对我开枪？但是，当天晚上我就原谅了他，我知道他想独吞那点鹿肉，他想为了母亲而活下来。在以后的30年里，我假装根本不知道这件事，也从来不提起这件事。战争太残酷了，他的母亲还是没有等到他回来，我和战友一起祭奠了他的母亲。在那一天，战友跪下来，请求我原谅他，我没有让他继续说下去，我们做了几十年的朋友，我宽恕了他。"

即使战友伤害了自己，战士依然决定以宽容来对待他，在他原谅战友的那一刻，他自己的心灵也得到了升华。

对于他人无意或有意犯下的过错，我们要学会谅解，放下心中的愤怒与仇恨，以平和心态来对待。报复，只会让我们获得一种暂时的快感，而之后的日子里，我们都将在悔恨与内疚中度过，因为我们永远背上了道德的枷锁。但是，以平和的心态对待，以宽容的姿态拥抱对方，才是最绅士、最高雅的惩罚，以德报怨，这样，我们就不会后悔了。

当然，要做到豁达包容，也不是一件易事，需要我们做到以下几点。

1. 换位思考，理解他人

对于他人的过错，在我们看来，可能令人无法原谅，但如果我们站在对方的角度考虑，可能我们会发现，原来也是情有可原的。

2. 把注意力从别人的错误上移开，转而关注自己内心的感受

其实，你在心里是否原谅别人的错误，对别人没有什么影响，而对你自己却有很大的影响。不原谅的话，你会变得怨恨、痛苦、难受。如果我们是爱惜自己的，希望自己的内心是舒适的，那么你便应该去选择原谅，而不是让自己的心里难受、痛苦。原谅别人，实质上你什么都没有做，只是把自己从别人带给你的负面影响及伤害中解脱出来。是否原谅，表面上看是个包容和胸襟的问题，其实，它是一个懂不懂得自爱的问题。在这样的一个社会当中，我们必定会受到别人的很多欺负、伤害或冤枉，但我们千万不要伤害自己。

另外，对于犯错却已经悔过自新的人，如果不懂得宽容他们，而是继续以一种另类的责备的眼光看待他们，给他们贴上“罪人”的标签，全盘否认他们的同时，你得到了什么？选择原谅，情况会循一条神奇的轨迹转变。当我们改变了，别人也会跟着变。我们改变待人的态度，别人也会调整他们的行为。在我们改变对事物观点的同时，别人也会随着我们的新期望做出反应。

如果我们认为某件事极度不可原谅，便会因为心理的不平衡，慢慢产生仇恨，如果我们能够在旁人的劝说下改变仇恨的心态，给犯错误的人一个忏悔的机会，一点点去原谅他的错误，最终宽恕他，自己也能尽早走出仇恨笼罩的阴影，见到光

明；但如果我们无视旁人的好言相劝，一意孤行地抱着仇恨的心理，以无法原谅作为仇恨的借口，那么，结果必将是使别人痛苦的同时，也让我们自己的内心受到极度的煎熬。

做自己喜欢的事，快乐很简单

人生在世，我们很多人都在追求快乐，然而，怎样才能获得快乐，我们却未必知道。詹姆斯巴里说：“快乐的秘密，不在于做你所爱的事，而在于爱你所做的事。”

追求快乐固然没有错，但你要明白，只有踏实工作才是真正快乐的源泉。不可否认，浮躁的现象普遍存在，具体表现为有些人看不到劳动的真正价值，更做不到安心工作，心浮气躁，事情刚做到一半，就觉得前途渺茫、失去兴趣，于是，他们只能一事无成。

苏格拉底说：“不懂得工作真义的人，视工作为苦役。”这句话的含义是，工作是否能为我们带来快乐，取决于我们对工作的看法。因为快乐的秘密，不在于做你所爱的事，而在于爱你所做的事。当我们能做到为自己工作、为明天积累时，那么，我们将拥有更大的挥洒的空间，更多的实践和锻炼的机会，找到工作中的乐趣，能够让我们在工作岗位上更主动、更积极地处理各项事务，为自己不断开创新的工作机会和发展空间。

翻开莎士比亚的人生史册，我们会发现，他的人生中也出现过抉择，他也是在不断地挖掘自己的兴趣与价值中成长的。莎士比亚出生在英格兰中部美丽的埃文河畔，7岁时开始自己的读书生涯，可在校期间，他并不喜欢古板的祈祷文，而偏爱一些古罗马作家用拉丁文写的历史故事，每年的五月节更是他一年中最快乐的日子，因为每每这时都会有戏班子的演出，他每场演出必到，戏班子走到哪里，他就跟到哪里，如痴如醉地观看着每一场精彩的演出，直到戏班离开斯特拉福城为止。

14岁时，莎士比亚离开了学校，开始了他的谋生之路。他到父亲的铺子里做过帮工，在码头做过搬运工，替人家当过导购……但他发现这些都不是自己的兴趣所在，唯独有一次他意外地在一家剧院找到一份工作，虽然工作很琐碎、普通，主要是替客人看管衣帽，照料有钱的观众上下马车，还有在后台打杂，但这却是他梦寐以求的地方。从此，莎士比亚可以真正地接近戏剧了。一有空闲，他就躲在后台静静地观看演员们的排练。这里，成了他的戏剧学校；这里，也孕育了一位名垂青史的戏剧大师。

1592年的新年，对于莎士比亚来说是个难忘的日子，他的剧本《亨利六世》在伦敦三大剧场之一——玫瑰剧场上演，莎士比亚一炮打响了。很快《理查三世》《威尼斯商人》《温莎的风流娘儿们》《哈姆雷特》《奥赛罗》《李尔王》相继上演。悲剧《哈姆雷特》的轰动效应更使莎士比亚登上了艺术的顶峰。

可以说，莎士比亚是在寻找兴趣、延续兴趣，并且发展自己的兴趣中成长的，他一生都在为自己的兴趣而努力，一生都在为兴趣而拼搏，最终也成就了自己的梦想，达到了自己人生的辉煌。

从心理学的角度来说，当一个人做与自己兴趣有关的事情，从事自己所喜爱的职业时，他的心情是愉悦的，态度是积极的，而且他也很有可能在自己感兴趣的领域里发挥最大的才能，创造出最佳的成绩。莎士比亚难道不是一个典型的例子吗?

其实，每个人都是一块金子，每个人都是尚待挖掘的宝藏，就看你是否具有一双慧眼，就看你是否勤奋，是否能够发现、挖掘出自己的价值，让自己的人生耀眼夺目、与众不同。

1. 找到自己喜欢做的事

大部分人都可以明确自己的爱好，不过真正地坚持且在某个领域脱颖而出，的确并非易事。

这里，有几点建议：首先，社会、家人和朋友们都认可或看重的事情，或许并非是你的爱好，毕竟兴趣是你自己喜欢的事情；其次，不要简单地认为有趣的事情就是自己的爱好，而需要作出认真的分析，如大多数人喜欢玩游戏，但并不意味着每个人都会从事游戏开发工作；最后，不要在一些误以为感兴趣的事情上发掘自己的天赋，而是寻找自身天赋与兴趣的最佳结合点。如果你渴望成为模特和歌手，自己虽然身材高挑却五音不全，我建议你更适合做一名模特。

2. 调整自己的目标

乔治·华盛顿起初不过是个验货员，威廉·萨默塞特·毛姆写作前读的是医学……最终他们都找到了自己喜欢且发挥自己极致潜能的事业，一步步走向成功。这些成功者以亲身经历告诉我们，一个人也可以同时拥有很多兴趣。我们可以适当调整自己的目标，没有必要把某个兴趣当作自己最后的目标，也不要随意放弃自己的兴趣。

不得不说，一个人是否快乐、能在自己的领域内取得多大的成就，与其是否在做自己喜欢的事有很大的关系，如果你一直在做喜欢做的事，你的内心便会充满愉悦与快乐，你会发自内心地去追求，自动自发地完成每一目标。要想建筑成功的大厦，就必须有先天的或经后天培养而成的兴趣基础。

第3章 做一株盛开的向日葵，静静地追逐太阳

哲人说，生命对于每个个体都是平等的。人生路上，我们不管是谁，都要客观认知和评价自己。要知道，我们是谁并不重要。重要的是，我们拥有什么，我们想要怎样的生活，以及我们对待人生的态度，这才是影响我们人生的重要因素，幸福的人始终微笑向前、积极向上，他们就像一株盛开的向日葵，始终朝着自己想要的人生努力前进。相反，也有一些人，他们总是抱怨现状，却不愿改变，自怨自艾。这两种人，你更愿意做哪种呢？很明显是前者，如果你觉得现在的人生不是你想要的，不妨递上辞呈，重新去找寻自己想要的人生吧！

天大的梦想，也要走好当下的路

现实生活中，每个人都渴望成功，他们都有自己的梦想。的确，梦想是一支火把，它能最大限度地燃烧一个人的潜能，但在追求梦想的过程中，一定要摆脱空想，将梦想落实到行动上。要知道，一只鸟的翅膀再大，如果不努力振动，又怎能展翅高飞呢？一个人的才能再高，如果不努力拼搏，又怎能走向成功呢？一个国家的物产再丰富，如果不努力发展，又怎能屹立于民族之林呢？这一切都说明：行动胜于空想。

没有人可以在脱离行动之外就收获成功，真正的喜悦来自实践过的经历。心理学家认为，当人们尝试着估计自己能从未来的经历中获得多大的乐趣时，他们已经错了。人生只有经历过，才能品味出真实的味道，也只有脚踏实地地看待生活，才会活出自己。

如果你每天把大把的时间都花在了展望自己的未来中，而不制订实现梦想的计划，那么，你的梦想永远都是遥遥无期的。

李大钊曾经说过：“凡事都要脚踏实地地去做，不弛于空想，不骛于虚声，而唯以求真的态度做踏实的功夫。以此态度求学，则真理可明。以此态度做事，则功业可就。”

其实，生活中，成功者往往是那些做“傻”事的笨人，输得最惨的也是那些聪明人，那些笨人深知自己不够聪明，所以他们努力学习、埋头苦干，最终他们如愿以偿了。而聪明人做事时则不肯下力气，总想着要小聪明、投机取巧，所以往往输得很惨，所以智慧和实干比起来，实干更加不可或缺。

只有做“行动巨人”才是21世纪的弄潮儿，才具有真正的王者风范。相反，“行动的矮子”只会被岁月的潮流淘汰。

当然，“行动”并不是一个抽象空洞的词语。它需要你有坚定的信念、顽强拼搏的精神与必胜的信心。对此，我们需要做到：

1. 敢想敢做——有计划，有目标

一个天生胆大的人，总是一个敢想敢做的人。做某些事虽然看似在冒险，也有危险，其实最大的危险不是冒险，而是一生只求平安无所作为。当然，你还要做到思路突破，不断挑战自我。只要你足够勇敢，又拥有智慧，就没有什么事情是做不到的。

2. 突破自我——创造奇迹

一个人只有敢于打破现有的固定模式，才可能创造出奇迹。而奇迹不是每天都会发生的。想要奇迹发生，还要看你的行为标志和思维状况。那么，你是甘于平庸，还是想让生命充满色彩呢？

当你早晨一打开窗户的时候，就会感受到一股新鲜的空气。于是，你感觉自己的身心是多么的轻松。接下来要做的事情就是，投入每天的工作当中。好像这个世界上的事情永远做不完似的。另外，你可以每天让自己有一点新奇的想法，给生活增添一点新奇的意味。如果你这样去做了，那么，你就等于在努力突破自我，虽然现在还没有奇迹发生，但至少你和原来的你是不同的了。

3. 超越环境之上——做一个胜利者

环境是特定的，人是灵活的。因此，人不能被特定的环境所压制，而是要努力去冲破环境。也就是说，作为人是不能被环境所屈服的，因为，我们是勇敢的。我们要超越环境，做一个永远的胜利者。当一个人最想做自己的时候，那就等于想解放自我，而不再做环境的奴隶。即使这样做要付出很大代价的也不怕。

“一切用行动说话”，这大概是对我们理想的最好诠释，努力学习、工作，打好基础，社会才会接纳你，你的目标也才有实现的可能。

只管定一个让自己欢欣鼓舞的目标

我们都知道，任何一个有理想、有追求、有上进心的人，一定都有一个明确的奋斗目标，他懂得自己活着是为了什么。因而他的所有努力，从整体上来说都能围绕一个比较长远的目标进行，他知道自己怎样做是正确的、有用的，否则就是做了无用功，或者浪费了时间和生命。显然，成功者总是那些有目标的人，鲜花和荣誉从来不会降临到那些没有目标的人的头上。

所以，我们每个人都只管定一个让自己欢欣鼓舞的目标，要尽早为未来的幸福生活做打算，你要想成为自己想成为的模样，就要趁早努力。因为目标是一切成就的起点。一个人，只有确立了前进的目标，他才会最大限度地发挥自己的潜力。除此之外，努力是实现目标的唯一途径，只有不断努力，我们才能检验出自己的创造性，才能锻炼自己、造就自己。

为此，为成功奋斗的人们，从现在起，你只需树立一个正确的理念，并调动你所有的潜能加以运用，便能带你脱离平庸的人群，步入精英的行列之中！你可以记住以下几点：

1. 关注未来，不要满足于现状

独具慧眼的人，往往具备人们所说的野心，不会为眼前的蝇头小利而放弃追求梦想的愿望，他们一般是用极有远见的目光关注未来。

2. 为自己拟订各种阶段的目标与规划

长期目标指5年、10年或15年的目标。这个目标会指引你前进的方向，因此，这个目标能否制订好，将决定你很长一段时间是否在做有用功。当然，长期目标还要求我们不可拘泥于小节。东西离你越远，就显得越不重要。

中期目标指1~5年的目标。也许你希望自己能拥有房子、车子、升职等，这些就属于中期目标。

短期目标指1~12个月的目标。这些目标就好比在歌唱预赛中胜出，它能鼓舞你不断努力、不断前进。这些目标提示你，成功和回报就在前方，鼓足干劲，努力争取。

即期目标指1~30天的目标。一般来说，这是离你最近的目标。它们是你每天、每周都要确定的目标。每天当你睁开眼醒来时，你就需要告诉自己：今天相对于昨天，我要达到什么样的突破，而当你有所进步时，它能不断地给你带来幸福感和成就感。

3. 不要把梦停留在“想”上

我们每个都应该明白一个道理，说一尺不如行一寸，也只有行动才能缩短自己与目标之间的距离，只有行动才能把理想变为现实。成功的人都把少说话、多做事奉为行动的准则，通过脚踏实地的行动，达成内心的愿望。但任何行动，如果没有一个明确的指引方向，都是无意义的。

生活中，很多人因为无法承担追求梦想带来的困难和痛苦，就追求安稳的生活，每天两点一线，上班、回家，回家、上班，逐渐对梦想失去激情，而当他们看到他人风光无限或是衣食富足时，又嫉妒得要命。天上不会掉馅饼，即使掉了也不一定会砸到你的头上，凡事有因才有果，你付出了才能有回报，甘于现状、不思进取却又企望成功，这就是“白日做梦”。

可见，梦想可以燃起一个人的所有激情和全部潜能，载他抵达辉煌的彼岸。但有了梦想，不要把“梦”停留在“想”，一定要付诸行动，制订目标，才可以带给你真正需要的方向感。

诚然，我们都渴望成功，都有自己的梦想，但梦想并不是参天大树，而是一颗小种子，需要你去播种、去耕耘；梦想不是一片沃土，而是一片荒芜之地，需要你在上面栽种上绿色。如果你要想成为社会的有用之才，你就要“闻鸡起舞”，甚至要“笨鸟先飞”；如果你想出类拔萃，就需要你呕心沥血……梦想的成功是建立在阶段性目标的基础上的，需要以奋斗为基石，如果你要实现你心中的那个梦想，就行动起来吧，去为之努力、为之奋斗，这样你的理想才会实现，才会成为现实。

世界不会辜负每一个追梦的人

生活中，我们大部分人心中都有一个属于自己的梦想，但紧张的工作、学习、生活，可能会让你搁浅心中的梦想。你发现没有，正是因为你失去了梦想，你才会显得无力，没有热情。只有具备一个伟大的动力，人的潜能才会被最大限度地激发出来。因此，不要犹豫了，为理想奋斗吧，你的人生才会有别样的精彩。

当然，梦想越大，离现实的距离就会越远，但是，尽管这样，只要我们不断强化梦想实现时候的情景或追求梦想的过程，那么，在逐步看清实现的道路的同时，也能够不知不觉地从日常生活中得到启发，一步步接近成功。

可能有些人认为，我不够聪明、我天生愚钝等，我怎么可能会成功？在这种心态下，他们甘愿庸庸碌碌，看不到自身蕴含的潜能，也失去了学习的动力。

实际上，人与人在智力上，并没有多大差异。爱因斯坦是举世公认的20世纪的巨匠。他死后，科学界对他的大脑进行了一番研究。结果表明，他的大脑无论是体积、重量，还是构造或脑细胞，与同龄的其他人一样，没有区别。因此，不要再认为自己天资愚钝而不可能成功了，你也是聪明的。因为我们绝大多数人在降临人世时，条件都是相同的，并无优劣之分，后来由于受到不同环境、不同人生经历的磨炼，给予大脑不同程度的刺激，才产生了人与人之间的差异。

那么，当你静下心来、自信品尝一杯咖啡的时候，当你与友人谈笑风生的时候，当你阅读他人成功宝典的时候……你有没有激发出自己内心关于梦想的火花呢？

从现在开始努力，成为你想成为的样子

人生在世，几乎每个人对于人生都有自己的梦想和渴望，也对未来怀着憧憬。然而，有梦想的人生，未必是一帆风顺的人生，大多数已经实现了人生梦想的成功者，无一不是在人生路上不断奋斗和努力，最终超越人生困境，迈过人生坎坷的人。他们很清楚，有梦想只是起航人生的第一步，随之而来的是，我们必须把梦想变成现实，勇敢地迈出实现梦想的第一步，这样我们的人生才能不再晦暗，我们的未来也才充满光明和希望。

也许有些朋友会说，既然人生有了梦想也未必能够实现，那么我们不如不要有梦想，就这样朝前努力生活。其实不然。虽然很多人都无法真正实现人生的梦想，但是梦想却是人生的引航灯。就如同船只在海上航行一样，必须有目的地才能坚持正确的航向，一往无前，人生也是如此。没有梦想的人生，就像船只在海面上失去方向，很容易变得迷茫，甚至最终不知所踪。正如马云所说的，梦想还是要有的，万一实现了呢！此外，梦想还能够激励我们充满力量，斗志昂扬。在人生路上，很多人都会遭遇人生的困境，甚至陷入绝境，如果没有梦想和希望作为指引，那么很容易彻底绝望，导致人生变得止步不前。

日常生活中，我们总是羡慕成功者，仰望他们身上的光环。殊不知，所有的成功者，都是在经历成功之前的晦暗时

刻，艰难地熬过来，才能获得成功的。他们心中始终揣着梦想和理想，因而哪怕经历再多的艰难坎坷，也能够一往无前，绝不退缩和放弃。

的确，梦想可以燃起一个人的所有激情和全部潜能，载他抵达辉煌的彼岸。我们每个人，都要在年少时就为自己树立一个梦想，而最重要的是，无论你拥有什么样的理想，都不要轻易舍弃它。只有坚持，你才能最终用自己的力量去创造自己的美好人生。

也许你现在还站在穷人的行列，被周围的人嘲笑，也许你受了很多苦，但无论你遇到什么，如果你内心有目标，就绝不可轻言放弃。

让过去归零，让今天到来

生活中，不少人在取得了一些成就后，就开始沾沾自喜，认为自己很棒，然而，王婆卖瓜自卖自夸是不行的。我们只有做到真正的优秀，实现自己的目标，达到成功，才是真的棒。优秀，不是仅凭三寸不烂之舌说说就行的。优秀，是对于生活的一种态度，也是我们对于自己的定义。你应该问问自己：我真的很棒吗？这份优秀已经足够了吗？对此，心理学上有种心态叫“空杯心态”。何谓“空杯心态”？我们不妨先来看下面一个故事：

从前，有个学者，他自认为自己佛学造诣很深，他听说山上的寺庙里有个德高望重的老禅师，便前往拜访。

刚开始，是老禅师的徒弟接待了他，对此，他很傲慢，觉得是老禅师怠慢了他。后来，老禅师出来了，并为他沏茶。可在倒水时，明明杯子已经满了，老禅师还不停地倒。他不解地问："大师，为什么杯子已经满了，还要往里倒？"大师说："是啊，既然已满了，干吗还倒呢？"

禅师的意思是，既然你已经很有学问了，干吗还要到我这里求教？

这就是"空杯心态"的起源，空杯心态就是不断清洗自己的大脑和心灵，把外在和内在的过时的东西、心灵的杂草、大脑的垃圾等，通通一洗了之，让身心干干净净、清清爽爽。

当然，"空杯心态"并不是一味地否定过去，而是要怀着否定或者说放空过去的一种态度，去融入新的环境，对待新的工作、新的事物。永远不要把过去当回事，永远要从现在开始，进行全面的超越！当"归零"成为一种常态、一种延续、一种时刻要做的事情时，也就完成了人生的全面超越。

常言道，人外有人，天外有天。一个人如果有能力，那么他的优秀也必然是无止境的。很多科学家终其一生都在进行科学研究，他们不停地超越自己，努力攀登科学的高峰。他们是真正的优秀，是无止境的求索者。和他们相比，很多人把自己定义为优秀是很可笑的。他们就像井底之蛙，从来没有看过外面的天空。随随便便就把自己定义为优秀，却不知道还有很多比他们更优秀也更努力的人，都非常低调。

从另一个角度来说，即使你已经很优秀，也是不够的。因为一个人要想获得成功，不但要很优秀，还需要为自己制订明确的目标。仅仅有目标也还是不够的，我们还要时刻牢记目标。一个人，只有足够优秀，并且有明确的目标，而且还要有自信和勇气，才具备成功的基本条件。这几个方面，对于成功而言都是缺一不可的。

我们如果总是停留在过去的成就、荣耀中，那么，便不能以虚心的心态去求知，便总是驻足不前。因此，如果你想让自己的内心变得更得强大宽广，如果你想在人生路上继续前进，那么，你就必须懂得放下的智慧，放下过去的兴衰荣辱，以空杯心态面对未来。

我们先来看下面一个故事：

在美国的一所小学里，有一个特殊班级，班里26个学生都是失足的孩子，他们有的进过少管所，有的吸过毒，总之是让老师和家长失望透顶。

在这个班级成立后，一位叫菲拉的女老师接手了。在她给学生们上的第一节课上，她并没有如人们想象的那样整顿班级纪律，而是在黑板上给孩子们出了一道选择题。让孩子们根据自己的判断选出一位在后来能够造福于人类的人。她列出3个候选人：

A. 笃信巫医，他有多年的吸烟史，嗜酒如命，还有两个情妇。

B. 有正经工作，但却不珍惜，每天睡到中午才起床，钟爱酒精，每天都要喝一斤多的酒，还吸食过鸦片。

C. 曾有过辉煌的历史：是国家的战斗英雄，不吸烟喝酒，坚持食素，从不违法。

结果大家都选择C。

菲拉公布答案，A是富兰克林·罗斯福，连续担任过4届美国总统；B是温斯顿·丘吉尔，英国历史上著名的首相；C是阿道夫·希特勒，法西斯恶魔。

孩子们看呆了，不明白为什么结果会是这样，接下来，菲拉满怀激情地告诉大家：

“孩子们，一个人，无论他的过去是荣誉还是耻辱，那只能代表过去，最重要的是他的现在和将来，只要你从现在开始决定做你想成为的人并为之努力，你就能成为一个了不起的人。”

菲拉的这番话，改变了这26个孩子一生的命运。其中，就有今天华尔街最年轻的基金经理人——罗伯特·哈里森！

菲拉教师的话是正确的，过去的生活，不管如何辉煌和暗淡，都随着时光如流水般逝去。要知道，羁绊于过去，是很难洒脱地走向美好明天的。一个人，只有学会放下对环境的坏情绪，适应环境，才能有意识地改变自己，最终改变命运。

实际上，我们只有定期给自己复位归零，清除心灵的污染，才能更好地享受工作与生活。当今社会，我们总是不断地接受物质引诱的考验，很多时候，我们在追求目标的过程中，可能并没有意识到自己的心灵已经被那些虚幻的美好理想束缚了。生活远没有理想那么简单，理想的存在固然可佳，可我们更要做的是让理想接受现实的催化。就像一件被打造的利器，不经过熟火的炙烤、重锤的锻造怎么能固握在战士的手中？清空你的心灵，再行注满，你就会接受失败的馈赠、成功的赏赐。

懂得付出，就能感受幸福

我们自打出生那一刻起，就在不断地向他人、向社会索取，我们索取的不仅有父母的爱、老师的教诲，还有恋人的真情、朋友的帮助等，但我们是否反省过自己呢？长时间以来，你是否发现，你周围的知心朋友越来越少？你的恋人也因为你的自私而离你远去？你的同事甚至不愿意与你共事？你是否发现，自己并未感觉到幸福，其实，这都是因为你不想付出、只愿索取。哲人说过：“精彩的人生是奉献和付出的人生，只有乞丐才会去不断地索取。”的确，世间绝没有无付出的回报，也绝没有无回报的付出。一个人付出的多少，决定了他成就的大小，也决定了他感知幸福的能力的大小。

三国时的“三顾茅庐”是有名的历史典故。故事大致是这样的：

当时，刘备想要创一番大业，急需有才能的人辅佐。而在荆州时，听杨庶说：“在偏远的山上，有一位圣人，姓诸葛名亮，你去见见他吧。你必须亲自相见，才能打动先生。”刘备听闻后就到山上找诸葛亮去了，但诸葛亮不在家，只得失望而归。

不久，刘备又和关羽、张飞冒着大风雪第二次去拜访诸葛亮。谁知道，此时的诸葛亮又出去野游了，急性子的张飞着急要回去，刘备只好留下一封信，表达自己真诚恳求诸葛亮出山助他一臂之力的愿望。

又过了一些日子，刘备戒荤三天后，准备再次请诸葛亮出山。关羽说，诸葛亮未必有真才实学，不过是徒有虚名，不必去请。而张飞却说，如果诸葛亮不出山，就用绳子将他捆走。刘备把张飞责备了一顿，三人第三次拜访诸葛亮。

三人第三次来到隆中，离草屋还有半里多地，刘备便下马步行。这时，诸葛亮在午睡，为了不打扰他，刘备恭敬地在台阶下等候。张飞见了，很生气，扬言要放火。诸葛亮醒来，见刘备三顾茅庐，诚心诚意，便彼此坐下谈话。诸葛亮见刘备有志替国家做事，而且诚恳地请他，就出山全力帮助刘备建立蜀汉王朝。

刘备三顾茅庐，为什么最终能打动诸葛亮？就是因为他付出了真心，于是诸葛亮倾尽自己的智慧帮助刘备打下江山。这也是刘备能在群雄纷出的乱世中立足并最终建立蜀政权，与曹操、孙权并足的原因。

当然，为他人真心付出，不仅仅需要我们用三寸不烂之舌去说动人的话，还应该付诸行动，动听的语言固然可以愉悦人的耳朵，可是却不能打动一个人的心，只有给别人真正的实惠，别人才会与我们深交。因此，生活中，与人交往，要善于发现别人的困难，然后帮助别人，主动付出是建立友谊的开始。这样，你的人际关系自然就会好起来，你的生活圈子中哪里都有你帮助过的人，你还会担心自己不能成功？

当然，不止是友情，爱情也是如此，如果说爱情是春天里即将绽放的花骨朵，那么，它需要你舍得用自己的爱心去呵护它、灌溉它，只有这样才能看到它娇艳的真心。我们每个人在爱的旅程上，注定要体会一些快乐与磨炼，只有舍得付出真心，才能看到对方对你的真心。我们再来看下面这样一则爱情故事：

从前，有个书生即将和未婚妻喜结良缘。

然而，就在结婚的前一天，他的妻子托人给他捎来口信，说她要嫁给另外一个人。书生听到这一消息，犹如晴天霹雳。受到如此沉重的打击后，书生一病不起。一家人看他整日萎靡不振，便用尽各种办法去帮他，但毫无用处，书生的生命一天天枯萎。

书生的家人着急得如同热锅上的蚂蚁，不知如何是好。恰好，这天来了一个游历的僧人，看到奄奄一息的书生，便为他指点迷津。

他走到书生的床前，从怀里掏出一面破旧的铜镜让书生看。这时候铜镜里出现了一个画面，一名遇害的女子一丝不挂地躺在沙滩上。路过一个人，看了一眼，然后摇摇头，走了。接下来又来了一个秀才模样的人，他看到后便将自己的衣服脱下，盖在了女尸的身上，走了。接下来又来了一个人，看到后连忙挖个坑，小心翼翼地把尸体掩埋了。看完后书生有点疑惑，瞬间画面又切换到另一个场景。书生惊讶地坐了起来，因为他看到了自己的未婚妻。洞房里红红的蜡烛，未婚妻正被她丈夫掀起盖头。

书生不明所以，用微弱的声音问道："这是何意啊？"

僧人解释道："沙滩上的那具女尸，就是你未婚妻的前世。而你就是第二个路过的人，那时你只舍得给她一件衣服。那么，她今生注定只是和你相恋。而她现在的丈夫却是第三个路过的人，他真心地舍得付出更多的无私。所以，他们今生就注定要携手一生。你吝于付出更多的真心，今生又怎么能换得她的真心呢？"

这个故事告诉生活中的每个人，爱情路上，一味地渴望得到、索取是不可能收获真爱的。的确，当你拥有爱情的时候，可能觉得也不过如此，也许根本不知道自己其实深爱着对方，但是往往失去后才会明白原来对方对你来说是那么的重要。你要明白的是，爱情需要争取、付出，爱上一个人只要一分钟，忘记一个人却需要一辈子，就像一句歌词唱的“有多少爱可以重来，有多少人值得等待？当懂得珍惜以后回来，会不会还在……”不免有些凄凉。一生当中也许会遇到很多爱你的人和你爱的人，但无论怎样，遇到了你生命中的爱人，就要懂得珍惜，任何一段感情，都经不住你源源不断地索取，所以，我们也要学会为爱情付出！

我们每个人，都是一个独立的自我，但同时，也是生活在一定的社会集体中，我们的身边，还有朋友，还有共事者，还有很多人，我们不可能脱离集体而存在。为此，我们在向社会、他人索取的同时，也要学会奉献、懂得感恩！你要明白，有时候，真正的成功，并不是财富的集聚，而是精神世界的富足。懂得付出，懂得为他人和社会牺牲一点个人利益的人，一定是幸福的。

第4章 当你变得更好，世界也会为你鼓掌

我们都知道，生活不总是一帆风顺的，我们航行在生活的海洋中，很多时候会遇上大风大浪，甚至狂风暴雨，就算我们驾驶的是一叶扁舟，我们也不能放弃，而要做一个最好的掌控生活的水手。只有自己创造积极的生活态度，努力让自己变好，才能成功驾驶这只小船驶向理想的彼岸，完成人生的航行。努力让自己变好，是一种积极的生活态度，它可以帮助我们战胜困难，向着更美好的生活前进。

无论何时何境，都要坚守本心

有人说，这个世界上有很多种美，长相出众是一种美，盛开的鲜花是一种美，怡人的风景是一种美。然而，哲人说，最美的不过是心灵美，任何一个人，无论何时何境，如果都能初心不改，无论外在世界怎么动摇，他的心不被动摇，那么，他就是美丽的使者。

那么，怎样的心灵才是美的呢？所谓心灵美，就是与生俱来的善良、真诚、无邪、进取、宽容、博爱之心，提醒人们去感恩，去看清人生与自身。

在遇到一些问题的时候，可能你不知如何下手，不知如何解决。那么，此时，你不妨抛弃那些摇摆不定的想法，问问自己的心，这样，才能保证你的选择是正确的。

珍妮为了方便接送儿子，在儿子学校附近找了一份工作，这下，珍妮有的忙了。

“自从到这边来上班，我以为会闲一点，因为接孩子的时间会节省不少，但新工作进行起来太难了，我现在几乎没有了自己的时间，我所在的办公室是三个人共用的，似乎什么都是大家的领地，好在大家相处是愉快的，事情也做得够漂亮，但总有忙不完的事情。工作之余，都把时间给了孩子和家庭，不过，我还是经常忙里偷闲，没事看看书，对于我来说，这已是最奢侈的事了。

“明天就是十一长假了，下午领导交代了一些事，就让我们提前回家，防止路上堵车，但儿子还没放学，所以我想在办公室等他，我继续编辑一段视频。后来孩子爸爸打来电话，说他去接孩子了，所以只有我一个人坐在空空的办公室，等待着文件的生成、刻录。寂寞中有了整理心情的想法，于是诞生了连续几篇的散乱文字。

“刚才夕阳透过窗户映射进办公室，但现在夜色却蔓延开来了，偌大的办公室已经是寂静一片。站在窗前，视线是极好的，不远处已经是灯火阑珊，围墙外的道路上，街灯安静而闲适，总是让我怀想起10多年前的一些黄昏。上高中时一个人走在上晚自习的路上，冬日的黄昏、橘黄色的街灯点缀着深蓝色的天幕，有时飘雨有时落雪，更多的时候也无风雨也无晴，一如自己的大脑，显出疲惫后的宁静与超然；还有时，站在大学七楼的寝室窗前，眺望不远的山上忽明忽暗的灯光，护城河里的水仿佛也能穿透夜色低语着。思绪缥缈着不知去向，似乎总也不知道家在何方，总有着无限的希冀，当然也有过彻底的绝望，那时候彻底地明白了一句话：热闹的是他们，而我什么都没有。

“寂寞的、超脱的，一种很微妙的感觉似乎成了自己对黄昏最热切的期盼。毕竟我们都是红尘俗世中纠缠着的众生，谁也超脱不了。

“很快，文件生成，我关掉电脑，关上窗户，收拾心情，踏上回家的路。明天，又是一个假期。真好。”

故事中的珍妮是个懂得让自己内心平静的人。然而，现实生活中，在浮世中行走了太久的人们，又有多少人懂得静心呢？面对纷繁复杂的尘世，我们又该如何保持美好的心灵呢？

1. 坚持本心，坚守原则

在生活中，不管做什么，都要坚持原则，这是责任心的表现。这里的原则既包括办事的方法，也包括为人处世的立场、主见。这就要求，我们不仅不能一味地迁就、顺从别人，还要监督他人不做违背原则和纪律的事。

2. 以身作则，按照原则办事

生活中，我们对那些做事原则性强、说一不二的人总是充满敬畏之心，他们说的话似乎分量更重。反之，如果你自己都不遵纪守规，又怎能要求别人呢？

3. 严于律己

做个有趣的人，不循规蹈矩，并不是说就放任自己的行为，我们首先要做到的是守纪、守信、守法，文明礼貌、正直不阿、坚守原则。

4. 自在坦然，随性生活

很多时候，我们之所以不快乐，是因为找不到自我，盲从他人，而一个灵魂有趣的人，他的思想是独立的、自由的，他们追随自己的内心，随性生活，这样的灵魂也是最美的，也是有趣的、充满善意的，这样的人更容易受人欢迎。

人世荒凉，你永远要做自己的太阳

人说，态度决定一切，这话是很有道理的，不同的心态看问题的眼光、角度都是不相同的，在事情产生的结果上也是不同的。

生活中，很多人总是抱怨自己活得累，烦恼不断。其实，谁没有烦恼呢？只要活着，就有烦恼。痛苦或是快乐，取决于你的内心。人不是战胜痛苦的强者，便是向痛苦屈服的弱者。再重的担子，笑着也是挑，哭着也是挑。再不顺的生活，微笑着撑过去了，就是胜利。人世荒凉，你永远要做自己的太阳，很多烦恼和痛苦是很容易解决的，有些事只要你肯换种角度、换个心态，就会有另外一番光景。所以，当我们遇到苦难挫折时，不妨把暂时的困难当作黎明前的黑暗。

黑人总统曼德拉有过27年的监狱经历。那时，他是监狱的重要政治犯。每天都要在罗本岛监狱的采石场做苦工，在持枪看守的监督下拼命搬运石头，动作稍慢就有被毒打的危险，一旦踏出采石场的边缘，就会被无情地射杀。并且因为石灰石在阳光的照射下，有极强的反光性，以至于他的视力逐渐下降。然而，就是在这样非人的折磨下，他却向监狱长提出在监狱的院子里开辟一片菜园子的要求，经历了无数次的否决，5年之后他终于实现了愿望。正是那一片菜园，给了他和监狱中的犯人们无限的希望，甚至使得囚犯和狱警们的关系逐渐地和谐起来。

生活的快乐与否，完全由你自己决定。你的态度决定了你一生的高度。你觉得自己无法实现自己的梦想，那么你将注定与成功无缘。你相信靠自己的力量能改变自己的命运，那么你的人生将会是另外一番景象。

卡耐基曾经遇到过这样一位女士：

这位女士一见到卡耐基，就开始抱怨，先是她的丈夫，她说她的丈夫不好好工作，接下来，她又开始抱怨她的孩子，说她的孩子不好好学习。总之，她有很多不满意的地方。等她抱怨完了，卡耐基对她说："这位女士，您太追求完美了。"当她听到这句话后，非常吃惊地看着卡耐基，过了好一会儿才说："卡耐基先生，您认为我非常追求完美吗？可我并不这样认为啊！而且像我这样相貌也不好、学历也不高的女人，根本不会去追求完美的。"

卡耐基说："您刚才跟我介绍过您的情况，您想想看，您的丈夫现在才三十几岁，但却有了自己的公司，这已经是成功人士了，您为什么还认为不够好呢？而您的儿子，他才上小学四年级，每次也能考个不错的成绩，您又为什么不满足呢？您不是在追求完美吗？”听了卡耐基的话，那位女士很长时间都没有说话，她似乎有所顿悟。

生活中有很多这样的人，他们总是对生活不满，总是不断追求完美，有的人表现为对自己要求特别严格，而另外一些人则表现为对别人非常严格，但总体表现，就是看不到生活中美的一面，他们的脸上总是愁云密布，其实，如果他们能换个角度，那么，生活中便处处充满美好。就如上文中那位女士一样，在卡耐基的点拨下，她看到了“儿子学习成绩不错”“丈夫事业有成”这两点。

1. 每天对自己笑一笑

曾经有报道说，日本人为了改变自己压抑的性格，从而有利于与外向的西方人打交道，采取了一种训练笑容的方法：他们在下班之前的半小时里，会每人拿起一只筷子，横着咬在嘴里，固定好面部表情后，将筷子取出。此时人的面部基本维持一个笑容的状态，再发出声音，就像是在笑了。

这种看似荒谬的做法却是有科学依据的。心理学家普遍认为除非人们能改变自己的情绪，否则通常不会改变行为。其实，我们在生活中都有这样的体会，当孩子哭泣时，我们会逗他们说：“笑笑呀！”结果孩子勉强地笑了之后，跟着就真的开心起来了，这就很好地说明了情绪的改变将导致行为改变。

笑是生活中必不可少的调节剂和兴奋剂。用不同的态度面对生活，生活也会展现出不同的面貌。你可以选择是哭还是笑，是积极还是消极，这是你的权利。想要生活过得更加愉快，不妨学着每天对自己笑一笑。笑出一个新的开始，笑出一个好心情，笑出面对艰难的勇气，调节自己的情绪，让快乐与自己相伴。

2. 发现生活的美好

微笑是一种正能量。当你遇到挫折时，微笑面对生活，将艰难困苦当作成功的阶梯，把失败的经历当作成功路上的美丽风景，那些困难也不再那么可怕。当你遇到烦恼时，微笑面对，可以让自己的思想得到解脱，获得愉快的心情，发现生活中的美好与希望。每天对自己笑一笑，开始全新的一天，你会发现人生的一切都是美好的。这是拥有健康心态的基础。

3. 以平和的心态面对生活中的快乐和苦难

我们成长的路上，总是伴随着欢声笑语和辛酸的泪水，总能感受到成功的喜悦和失败的沉痛打击。没有经历过失败的人生是不完整的，我们的身边总是会有这样那样的失意和磨难相随。不管我们遇到什么困难，我们都应该以平和的心态对待，用微笑面对生活，笑对人生。

如果你觉得生活中的快乐越来越少，不妨试着对自己笑一笑，保持微笑，直面生活中的各种困难，总有一天能够冲破黑暗，重新获得快乐。

那些苦要少吃一个，就没有今天的我

古话说："艰难困苦，玉汝于成。"任何人，要想成才、成功，只有不回避"艰难困苦"，方能"玉汝于成"。所以，在日常生活中，我们要学会吃苦，在必要的"穷"和"苦"中得到锤炼，懂得以艰苦奋斗为荣，以骄奢淫逸为耻，方能体会到靠自己的努力争取得来的快乐，也才懂得珍惜。要知道，那些该吃的苦，如若少吃一个，都不会成就优秀的你。

其实，之所以要强调不能丢下吃苦的这一品德，是为了对人们意志品质的磨砺、锻炼、培养，我们发现，那些功成名就的人，无不饱经了生活的苦难和精神的洗礼从而获得了意志与能力上的一种升华；而恰恰相反，那些衣食无忧、被人百般呵护的人或多或少在性格、品行甚至价值观上有缺陷，蜜罐里长大的人弱点多。

俗话说："吃得苦中苦，方为人上人。"对意志坚强的人来说，任何苦难都不足以让他心灰意冷，相反更加能鼓舞士气，激发其一定要做成大事的欲望。能吃苦的人，能够得到他所要的东西。吃苦即是成功之路，只有能吃苦才能转败为胜。对所有的人来说，希望和耐心是两剂有特效的自救药，也是人在患难中最可靠的依托和最柔软的依靠。确信无法突破的时候，首先要选择的是吃苦。

曾国藩刚开始办团练的时候，军中除了大量的湘军勇士，还有不少的绿营军，这使得曾国藩面临很多的问题。而且，在操练中，曾国藩始终坚持“吃得苦中苦”，对将士们要求十分严格，风雨烈日，操练不休，这对于来自田间的乡勇来说，并不觉得太苦。但是，对于那些平日里只会喝酒、赌钱、抽鸦片的绿营军来说，却像是“酷刑”，对此，绿营军上上下下怨声载道。副将不到场操练，根本不把曾国藩放在眼里，甚至对底下的士兵宣称：“大热天还要出来操练，这不是存心跟我们过不去吗？”曾国藩一方面忧心军队的操练；另一方面还要应付绿营军的捣乱，日子过得十分辛苦。

当时，在长沙城内驻扎着绿营军和湘勇，绿营军战斗力极差，受到了乡勇的轻视，对此，绿营军十分愤怒，经常与乡勇发生摩擦。双方水火不容，摩擦不断升级。而且，绿营军是朝廷的正规军队，深得清朝庇护，曾国藩所操练的湘军不过是乡间勇士，无人庇护，于是，曾国藩只能严格要求自己的军队，不得与绿营军发生冲突。即使曾国藩一再忍受绿营军的欺辱之苦，但仍改变不了现状，绿营军更加横行霸道，湘军进出城门都会受到公然侮辱。朋友看见曾国藩如此辛苦，劝他参奏绿营军，不料，他却推托：“做臣子的，不能为国家平乱，反以琐碎小事，使君父烦心，实在惭愧得很。”过了一阵子，曾国藩就将湘勇迁往外县，将自己的司令部也移到了衡州。

曾国藩在组建湘军之际，确实是吃了不少苦头，本身，组建军队就面临着诸多问题，同时还遭受绿营军的挑衅，那确实是一段异常辛苦的日子。当时，咸丰帝下令曾国藩办团练，由于朝廷战事甚紧，也没给军队发放军饷，曾国藩作为军队的创办者必须解决军队的军饷问题，然而，这一切苦，曾国藩都以坚韧的意志忍了过来，他明白“只有吃得苦中苦，方才能为人上人”。历史向我们证明了这一真理，在后来的历史中，湘军成为曾国藩的骄傲，也使得他成为镇压太平天国运动的最大功臣。

的确，现实生活中，一些人不愿吃苦，是和他们的生活环境与家庭教育有关系的。因此，我们要想从吃苦耐劳的过程中有所收获，就应该将吃苦融入日常生活中，无论在生活中还是工作上，多吃点苦，凡事靠自己，会对我们有所帮助的。

当然，你并不需要在生活中刻意让自己吃苦，吃苦是一种心理承受力。人在艰苦的环境中，战胜的不是环境，而是自己。“逼”自己去吃苦，忍耐力就会下降，不仅不能磨炼自己的意志，还会产生受挫意识。

我们不求无所不能，只为磨砺意志

人的心理具有极强的可塑性，对于那些坚强的人来说，他们永远选择让自己的心充满韧性。坚强的心并非与生俱来，它是在一次次痛苦的磨砺中造就的。俗语说：“古之立大事者，不谓有超世之才，也必有坚忍不拔之志。”不要害怕困难，再大的困难也战胜不了你坚强的心。

心理专家说，人心的力量有多大，你试一试就知道了，人还有许多我们未知的潜在力量。挫折犹如一把利剑，第一次刺向我们，可能我们会因此受到伤害，但是当我们打造出心灵的韧度之后，就犹如掌握了盾的用法，在挫折中磨砺了自己的意志，使自己能屈能伸、百折不挠。

的确，人们驾驭生活的能力，是从困境生活中磨砺出来的。和世间任何事件一样，苦难也具有两重性：一方面它是障碍，要排除它必须花费更多的力量和时间；另一方面它又是一种肥料，在解决它的过程中能够使人更好地锻炼提高。

梅花香自苦寒来，宝剑锋从磨砺出。坚强地面对苦难，我们才能提升自己，凤凰涅槃。坚强，有的时候是由内而外的，有的时候是由外而内的。假装坚强，也是坚强。任何时候，只有挺起脊梁，才能成为一个大写的“人”。

逆境总是吞噬意志薄弱的失败者，而常常造就毅力超群的事业成功者。磨难是魔鬼，它夺走了你的光明。磨难也是天使，它是一座深不可测的宝藏。要在逆境中赶走魔鬼、拥抱天使，最重要的就是坚韧。而你若怕苦，就不会成功，遇到困难就后退，悲观地对待生活，这样很难适应社会的竞争。

战胜怯懦，勇敢地往前走

勇气是事业成功的基础，一个人缺乏勇气，甚至恐惧缠身，自然会一事无成。有些事固然是看起来容易，做起来难，但现实中也有许多事情，是看似很难，实际上做起来并不像想象的那样困难。有时正是自己的畏惧，加剧了自己的怯懦，不敢努力去实践，甚至放弃目标。在我们每个人的内心深处，都有恐惧的影子。恐惧也总是无处不在。要想勇敢面对恐惧，我们就要知道自己害怕的到底是什么。诸如很多孩子害怕黑暗，因为他们不知道黑暗中是否有怪物。有的人害怕社会暴乱，因而他们就把自己变成套中人，甚至不敢出门。还有的人害怕很多根本不存在或者尚且没有发生的事情，因而他们变得胆小怯懦、忧心忡忡，导致自己心神不安。在了解恐惧的原因之后，我们就要直面恐惧，如果我们一味地逃避和屈服于恐惧，我们就会被恐惧控制，导致人生变得畏缩。

我们应充分看到自己的能力，鼓起勇气，树立自信，同时辅之以积极的自我暗示、自我激励。如“这点区区小事不值得害怕”“别人能做到我也能做到”，从而为自己打气、壮胆。在困难与阻力面前要有一股敢斗的勇气和气势，从而战胜自己的畏惧。迎着困难与压力迈出关键的第一步，并义无反顾地大胆往前走。这样成功与希望就会向你招手。

曾经，有两个人结伴在沙漠里行走，因为天气炎热，又没有足够的饮用水，其中一个人很快就中暑了，倒地不起。这时，另一个人把他转移到阴凉的地方，并且为他留下一把手枪，说："枪里还有五颗子弹，你每隔4小时就打一枪，我会根据枪声的指引带着水回来找你。"眼看着天色渐渐晚了，中暑者绝望地倒在地上，他既不相信同伴能找来水，也不相信同伴会按照约定回来拯救他的生命。他绝望地每隔4小时就放一枪，直到还剩下一颗子弹时，他没有对空鸣放，而是选择结束了自己的生命。很快，他的同伴就带着一支驼队赶回来救他，但是只看到了他的尸体。

不得不说，沙漠中的这个中暑者是怯懦的。他自己放弃了希望，甚至没有进行任何努力和尝试，所以才会失去生机。倘若他能继续耐心地等待，或者坚强地选择活到人生的最后一刻，结局就会截然不同。相反，去寻找水的同伴则是人生的强者，也是勇敢无畏的人，所以他才能独自一人在沙漠里行走，始终没有放弃希望，而是如约带着水回来拯救自己的同伴。他是值得钦佩的勇敢者，也是信守诺言的好朋友，所以才能突破人生的绝境，拯救自己的生命。

西方有位著名的思想家说："假如你的心中充满希望和勇气，在人生的路上勇往直前，那么全世界都会在你面前退让。"这句话形象地告诉我们，勇气拥有多么强大的力量，对于我们的人生也必然起到积极正面的作用。在勇敢者的心中，没有真正的绝境，不到生命的最后一刻，他们绝不会放弃努力。很多朋友都喜欢看好莱坞的大片，就会发现大多数大片的情节中，主人公都如同打不死的小强一样，被打倒了又站起来，只要一息尚存，就绝不认输。这就是典型的勇敢者的表现。当然，勇敢者也并非都表现在用之不竭的体力上，很多时候心中怀有希望也能够帮助我们变得勇敢坚强，无所畏惧地面对人生。

人生的种种历练，对于我们来说，可能是一种折磨，但是，它更是一种锤炼，暂时的痛苦算不了什么，只要心中有勇气，一次次经受住磨炼，不畏困难，最后，我们定能炼就出一块坚韧的钢。在日常工作中，我们也会遇到种种困难，有成功就有失败，有喜悦就有眼泪，但是，哪怕是失败和眼泪，它所能带给我们的依旧是不断地尝试，而不是最终的结果。失败算不了什么，关键是你不能失去坚持下去的信心，以及那份深藏内心的坚韧。

心怀勇气，有信心攻克难关，最终，你将赢得人生的成功。谁也不想使自己的一生碌碌无为，人人都梦想一生成功、富贵，可是只有少数人与成功、财富结缘。我们常抱怨自己没有遇到好机会、生不逢时，然而机会一旦降临，你是否有足够的勇气和胆识去把握？因为坚韧，百炼成钢，只要心中怀着勇气，自己就毫不畏惧。

总的来说，每一个人在实现梦想的路上，都必然要经历很多的坎坷和挫折。那些最终获得成功的人也许天赋异禀，也许拥有恒心和毅力，但是他们无一例外都有一种特质，那就是充满勇气。如果希望是人生的领航灯，那么勇气则是人生源源不竭的动力。正是因为勇气的支撑，我们才能在坎坷的人生路上始终坚持不放弃，直到到达理想的彼岸。有勇气的人，从来不怕被嘲笑，更不怕独自一人踯躅前行。他们坚信，只要沿着梦想的道路继续走下去，哪怕经风历雨，也勇不停歇，最终一定会有惊喜的收获。

承认并改正错误，你就能不断进步

俗话说：“金无足赤，人无完人。”人难免都会犯一点小错误，而且，大多数人都存在这样的心理：犯错误的时候，脑子里总是想着隐瞒自己的错误，害怕自己承认错误之后会没有面子。

其实，有这样的心理是正常的，但是，为了能够从错误中获得另外一些有用的东西，我们应该克服这样的心理。承认错误并不是什么丢面子的事情，相反，在一定程度上，这是一种勇敢的行为，因为，对于每一个犯错的人来说，错误承认得越及时，这个错误就越容易得到改正和补救。另外，更为关键的是，自己主动承认错误远比别人提出批评后再承认更容易得到他人的谅解。

在营救驻伊朗的美国大使馆人质的作战计划失败后，美国总统吉米·卡特在电视里郑重申明："一切责任在我。"当时，仅仅因为这句简单的话，卡特总统的支持率上升了10%。可见，勇于认错的人更让人钦佩。并不是犯错误了，就永远不能改正；不是失败了，就永远不能成功。如果我们能够勇于承认自己的失败与错误，我们就能赢得成功。达尔文曾说："任何改正都是进步。"哈佛也告诉我们：勇于认错，让自己不断地进步。

当然，你犯错之后，总会心情不佳，要化失败为动力，你可以采取以下方法：

（1）仔细分析现状，找到自己的问题，不要怪罪于任何人。

（2）给自己的重新制订一份计划，这份计划必须考虑到前一次失败的原因。

（3）不妨去想象一下自己获得成果后的欢愉场景。

（4）收起那些曾经让你不快的记忆，它们现在已经变成你未来成功的肥料了。

（5）重新出发。

你可能必须再三试行这五种方法，然后才能如愿达成目标。重要的是每尝试一次，你就能够增加一次收获，并向目标更进一步。

我们不必为昨天的错误而流泪，并不意味着我们可以为自己的错误而推卸责任。相反，一旦发现过错，我们就要勇于改正，这才是真学问、真道德。

什么是真正的过错？一个人有过错不要紧，过而能改，善莫大焉；如果有过错而不肯改，这才是真正的过错。

这一启示告诉生活中的我们，若想逐步完善自己，就必须戒除任何借口，主动改正错误。为此，你需要做到：

1. 挖掘出自己需要改进的地方

（1）性格弱点。人无法避免与生俱来的弱点，必须正视，并尽量减少其对自己的影响。例如，如果你独立性太强，可能在与人合作的时候，就会缺乏默契，对此，你要尽量克服。

（2）经验与经历中所欠缺的方面。“人无完人，金无足赤”，每个人在经历和经验方面都有不足，但只要善于发现，只要努力克服，就会有所提高。

2. 自我反省

当你获得一定的荣誉、取得一定的成绩后，最难能可贵的就是胜不骄败不馁，懂得自我反省，才会不断进步。

3. 直视自己，不要害怕犯错误

人无完人，所以，谁都有可能犯错。关键是你要告诫自己，下次不能再犯。相反，假设你在做事前就谨小慎微，暗示自己绝不能犯错，那么，你反而因为有心理压力而做不好，而且，害怕犯错误会让你倾向于掩盖错误。想要不再害怕犯错误就要从现在开始，正视错误并积极主动地改正错误。当自己犯错的时候，第一想到的就是怎样挽回，而不是怎样逃避。

总之，我们要做个凡事向前看并且善于自我反省和自我纠错的人，只有这样，才能够发现自己的缺点或者做得不够好的地方，然后加以改正，使自己不断进步，并能够扬长避短，激发自己的最大潜能。

第5章 你是被上帝咬过的苹果，香甜却不自知

“金无足赤，人无完人”，大概我们每个人都知道这个道理，但是在对自身和生活的要求上，我们却不能放平心态，有的人甚至产生自卑心。其实，人无完人，被上帝咬过的苹果，不完美的才是真实的，也才是美丽的。因此，生活中的每个人，都别苛求自己了，要学会自我欣赏，努力去做自己想做的那个人，只有这样，才能挖掘出自身潜力，才能获得快乐。

人无完人，每个人都是被上帝咬过的苹果

有人说，上帝对于每个人来说都是公平的，因为每个人都是上帝咬过的苹果，绝对不会是完美的。的确，完美就是一座无人能抵达的宝塔，人们总是倾其所有来追逐它、向往它，但是，却永远难以到达。它只能作为一个追寻的目标，不可能把它当作一种现实的存在，否则你将会陷入自我矛盾中而无法自拔。生命的美丽在于真实，纵然有缺憾，却是无法复制的无与伦比的美丽。我们没有必要凡事都要求完美，美丽一定是伴随着遗憾，只要足够真切，生命一样会绽放出最灿烂的光辉。

追求完美，似乎是每一个人的梦想。在生活中，有些人总是在追逐繁复的完美，在这样追逐的过程中，无数的烦恼困扰着他们，愤怒、生气，越是较真，越是觉得心很累。在某些时候，我们应该放下苛刻，别被不真实的完美压垮。一个人不能在自我怜悯中空虚地度日，最重要的是，我们不应该事事较真，而是学会珍惜眼前的幸福。智者说：“追求完美是人类正常的渴求，同时，却也是人类最大的悲哀。”对于我们而言，应该放下内心的苛刻，放弃追逐完美的诉求，最终拥抱简单的快乐。

一个失意的人找到了智者，他向智者诉说自己的遭遇和无奈，哀叹道：“为什么在我的生命里总是找不到绝对的完美呢？”智者沉思了许久，问道：“可能是你自己对这个世界苛责太多，所以，烦恼才会找上你。”说完，智者舀起了一瓢水，问失意者：“这水是什么形状？”失意者摇摇头：“水哪有什么形状？”智者不语，只是将水倒入了杯中，失意者恍然大悟：“我知道了，水的形状像杯子。”智者没有说话，又把杯子里的水倒入了旁边的花瓶，失意者悟然：“我知道了，水的形状像花瓶。”智者摇摇头，轻轻拿起了花瓶，把水倒入盛满沙土的盆里，水一下子渗进了沙土，不见了。智者低头抓起了一把沙土，叹道：“看，水就这么消逝了，这也是人的一生。”失意者陷入沉思，许久才说道：“我知道了，你是通过水来告诉我，社会处处就像是一个个不规则的容器，人应该像水一样，盛进什么样的容器就成为什么形状。”

智者微笑着说：“是这样，也不是这样，许多人都忘记了一个词语，那就是滴水穿石。”失意者大悟：“我明白了，人可能被装于规则的容器，但也能像这小小的水滴，滴穿坚硬的石头，直至突破。我们要像水一样，能屈能伸，不能要求多么规则的容器，而是需要做到既能尽力适应环境，也要保持本色，活出自我。”智者点点头，说道：“当你不再较真，放下了心中的苛求，你会发现，任何事物都是完美的，自然，你也获得了久违的快乐。”

生活的快乐在于简单，生命的美丽在于真实，纵然有诸多缺憾，但是，它却是无法复制的无与伦比的美丽。不必较真，不必苛求，没有必要去追求一些不真实的完美，因为美丽的事物总会伴随着一些缺憾。

追逐完美，本身就是一种苛责的生活态度，为了达到心中完美的目的，人们苛责自己、苛责他人、苛责一切的人和事。在现实生活中，所谓的“完美”终究伴随着缺憾，即使自己努力苛责，那些人和事依然达不到绝对的完美。在这个世界上，本来就没有绝对完美的事物，如果我们一味地将追求完美的茧一层一层地套在身上，那么，最终，我们也会死在这重重的包裹之中。

那么，如果你是一个苛求自己的人，该如何做到自我调整，达到潜意识和显意识的统一，以实现内心的和谐呢？

1. 不要苛求自己

你不要总是问自己，这样做到位吗？别人会怎么看呢？过分在乎别人的看法就是苛求自己，你会忽略自己的存在。

2. 要改变自己的观念

你需要明白一点，世界上没有完美的事，保持一颗平常心并知足常乐，才是完美的心境。换一种新的思路，即尝试不完美。

3. 选择正确的释放方式

当你心情压抑时，你要选择正确的方式发泄，如唱歌、听音乐、运动等，并且，你要抱着一种享受的心情发泄，这样，你很快就会感受到快乐。

4. 让一切顺其自然

不要对生活有对抗心理，过于较真的人，他们会活得很累，因此在思考问题时要学会接纳控制不了的局面，不要钻牛角尖。

什么事情都会有个度，追求完美超过了这个度，心里就有可能系上解不开的疙瘩。我们常说的心理疾病，往往就是这样不知不觉出现的。对待自己的错误不依不饶的人，总是不想让人看到他们有任何瑕疵，给人的感觉看似开朗热情，其实活得很累。

5. 失败的时候，请原谅自己

你会跟朋友说什么？想一想，如果你的好朋友经历了同样的挫折，你会怎样安慰他？你会说哪些鼓励的话？你会如何鼓励他继续追求自己的目标？这个视角会为你指明重归正途之路。

因此，我们每个人都要记住，再美的钻石也有瑕疵，再纯的黄金也有杂质，世间的万物没有纯而又纯和完美无瑕的，人也不例外。我们每个人都不可能一尘不染，在道德上、在言行上都不可能没有一点错误和不当。人总是趋于完美而永远达不到完美。因此，我们不要对自己和别人做过高的不切实际的要求，我们都是凡人一个。

相信自己会是个了不起的人

在中国，有句古语说：人皆可以为舜尧，意思是说，只要我们树立必胜的信心，就能够战胜任何困难，成为杰出的人。生活中，一个缺乏信心的人，就如同一根受了潮的火柴，是不可能擦亮希望之光的。有这样一群人，他们经常会这样想：世界上最好的东西，永远不是他们所能拥有的。他们认为，生活中的一切美好的事物，都是留给一些特殊的人的。有了这种卑贱的心理后，当然就不会有成就伟大事业的观念。

歌德曾说过这样一句话："一个人要想成功，首先要视自己比实际的自己更伟大才行。"人生漫漫征途，在前进的旅程中，我们每一个人都要找准自己的位置，在生活这片蓝天里，给自己准确定位，让自己驰骋在最适合的领地。

林肯说："一个人应该有这样的信心。人所能负的责任，我必能负；人所不能负的责任，我亦能负。"一个人力量的真正源泉，是一种暗中的、永不变更的对未来的信心，甚至不只是信心，而是一种确信。找到自信的支点，撑起自信的支柱。如果你确信你是正确的，那么就坚持它，因为最终能为你证明的肯定是事实，而非权威、官员、学者等。

张爱玲曾说："信心是蕴藏于生命中的伟大力量，是创造成功的奇迹，是立身立业不可缺少的保障。只要有信心，你就能移动一座山；只要你相信自己会成功，你就一定能成功。"

一个人只要有自信，那么他就能成为他所希望成为的人。

成功者自信，失意者自卑。不断地成功会不断地增强自信，而不断地失败也会加重自卑，甚至原本自信的人在经历了几次失败后也会变得自卑。当你不自信的时候，你就难以做好什么，当你什么也做不好时，你就更加不自信，这是一种恶性循环。若想从这种恶性循环中摆脱出来，重建自信心，我们不妨先从最有把握做好的事情做起，用不断取得的成功来建立我们的自信心。

总的来说，自信是直面人生的一种勇气和信念。每个渴望获得自信的人，都要记住：

1. 善待自己，给自己信心

活着，我们就要学会善待自己，在失意时鼓励自己，在得意时勉励自己。在漫漫人生旅途中，我们无法避免偶尔的挫折与困难，但是，不管我们将受到什么样的打击，即使我们正在经历痛苦、难堪，我们都不应该忽视了自己的价值，不要觉得自己一无是处，也不要妄自菲薄。而要以一份崇高的使命感，展现出自己的人生价值。

2. 不要自卑，学会接纳自己

每个人都有属于自己的独特价值，我们应该接纳自己。而且，自身价值的大小并不在于他人的评价，而是在于我们给自己的定位。一个人的价值是绝对的，坚持自己，重视自己的价值，给自己成长的空间，每个人都会成为“无价之宝”，将告别平庸的人生。

自我轻视者怎会获得成功

曾经有这样一篇文章：

一个留学生需要一份工作，否则课业可能无法进行下去，于是他去应聘某个职位。这个职位需要有一辆车并且要会开车，这个留学生没有车，更不会开车，但是他为了工作，并没有回答招聘人员的话，只说他周一就可以上岗，招聘人员录取了他。录取的时候是周五，他就在那两天的时间里，用手里的钱低价买了一辆二手车，并且请了一位教练教他开车，周一的早上，他就开着这辆二手车歪歪扭扭地上路了，并且不久就将这份工作做得风生水起。

的确，只要你有足够的自信，不断尝试，就能挖掘出自己的潜力，就能不断超越自我，逐渐接近成功。相反，自我轻视者不会获得成功，很多时候，并不是我们不能做某件事，而是生活没有把我们逼到那个份上，我们对自己没有必胜的信心，没有一定要做到的信念，别人自然也不会给我们这样的机会。

尼克松是大家极为熟悉的美国前总统，但就是这样一个大人物，却因为一个缺乏自信的错误而毁掉了自己的政治前程。1972年，尼克松竞选连任。由于他在上一任期内政绩斐然，所以大多数政治评论家都预测尼克松将以绝对优势获得胜利。然而，尼克松本人却很不自信，他走不出过去失败的心理阴影，极度担心再次失败。在这种潜意识的驱使下，他鬼使神差地做了后悔终生的蠢事。他指派手下人潜入竞选对手总部所在的水门饭店，在对手的办公室里安装了窃听器。事发之后，他又连连阻止调查，推卸责任，在选举胜利后不久便被迫辞职。本来稳操胜券的尼克松，因缺乏自信而导致惨败。

尼克松本来可以以自己的绝对优势获胜，但就是因为他缺乏自信，不相信自己，最终酿成历史上有名的“水门事件”，不仅断送了自己的政治生涯，还使得自己在史册上添了一大败笔。要想获得别人的肯定，首先，你就要肯定自己。

人生成就大事最大的动力其实就是做自己没有能力做的事情。这个意思其实很好理解，当你是一个小职员的时候，你想不想升职？你希望升到哪个职位，你做过吗？你肯定自己能做好吗？所以每个人都在期望一个自己做不到的职位，但不一定就无法胜任，能力往往都是在某个职位上培养出来的，而不是首先培养出来以后，才能任职。这一点，比尔·盖茨非常认同，在学生时代，他从来不是用从书本上学来的知识操纵电脑，而是直接在电脑上操作，看看电脑能够帮助他做什么，然后再和书本上的知识相互印证，这也是一种实践出真知的做法。

为此，你需要记住两点：

1. 锲而不舍为成功而努力

大音乐家瓦格纳因为对自己的作品有信心，终于征服了世人。达尔文为研究物种的起源在英国一个小园中工作20年，实验有时成功，有时失败，但他锲而不舍，因为他自信已经找到线索，终于取得了划时代的科研成就。

2. 没有自信，终将默默无闻

幼时父母双亡的19世纪英国诗人济慈，一生贫困，备受文艺批评家抨击，恋爱失败，身染痨病，26岁即去世。济慈一生虽然潦倒不堪，却从来没有向困难屈服过。他在少年时代读到斯宾塞的《仙后》之后，就肯定自己要成为诗人。他说："我想，我死后可以跻身于英国诗人之列。"济慈一生致力于这个最大的目标，并最终成为永垂不朽的诗人。相信自己能够成功，成功的可能性就会大为增加。如果自己心里认定会失败，就很难获得成功。没有自信，没有目标，你就会俯仰由人，终将默默无闻。

总的来说，我们培养自信比培养自己的能力和智慧更加重要。很多时候不是你的价值有多大，你的能力有多高；而是你相信自己的价值有多大，人们认为你的价值有多大，就会把你放在一个怎样的位置。在拥有能力之前，如果拥有一定的理智和自信，对自己的优势有更加正面的判断和认识，就可能得到更多机会，这时候再通过不断努力提升自己的能力，就会有不平凡的成就。

瑕不掩瑜，生命的美丽在于真实

阿法朗诗说："我坚持我的不完美，它是我生命的真实本质。"每个人的一生中总会经历不同的坎坷或挫折，没有一个人可以保证他就是完美无缺的。上帝对于每个人来说都是公平的，他给予了你一样东西，肯定会拿走另一样东西，关键是你如何去看待生命里的缺憾。

人生不可能完美，要想尽量追求完美，我们就要拥有博大宽容的胸怀。试想，如果一个人连自己都不能原谅，那么他又怎么可能容纳这个世界呢？拥有怎样的人生，从某种意义上说其实取决于我们的心态。当我们积极乐观开朗，我们就拥有美好的人生。当我们消极悲观失望，即使现状并不那么糟糕，我们也会因为心绪消沉而导致一切朝着事与愿违的方向发展。人生需要坚持，而唯有接受缺憾，包容缺憾，与缺憾和谐共生，我们才能更好地悦纳缺憾。

杰奎琳出生在一个普通的家庭，他的父亲是一名公共汽车司机，母亲是家庭主妇。从小，杰奎琳就热爱社交和表演，她从小学三年级开始就树立自己的梦想——成为一名当红的好莱坞明星，然而，杰奎琳外貌和身材都一般，而且，还有颗龅牙，这让她很苦恼。

成年后的杰奎琳经常参加各种选秀和表演节目，争取积累更多的表演经验。一次，她在新泽西州的一家夜总会演出，为了表演得更加完美，她在唱歌时努力拉下自己的上嘴唇来盖住那讨厌的龅牙，但是，结果却令自己出尽洋相，这真是一次失败的演出。

杰奎琳伤心极了，她觉得是时候放弃自己的梦想了，然而，就在此时，一位客人却认为杰奎琳很有天分，他告诉杰奎琳："我跟你说，我一直在看你的表演，我知道你想掩盖的是什么，你觉得你的牙齿长得很难看。"杰奎琳低下了头，觉得无地自容，可是，那个人继续说道："难道说长了龅牙就是罪大恶极吗？不要想去掩盖，张开你的嘴巴，观众看到你自己都不在乎，他们就会喜欢你的。再说，那颗你想掩盖住的牙齿，说不定能给你带来好运呢。"杰奎琳接受了男士的建议，努力让自己不再去注意牙齿。从那时候开始，杰奎琳只要想到台下的观众，她就张大了嘴巴，热情地歌唱，现在的她离实现自己的梦想越来越近了。

西方曾经有位哲人说，假如我们能够坦然接受那些事实，就能够节省焦虑的时间和精力，将其用于更加有意义的事情，努力创造美好的未来。的确，这位哲人说得很有道理，既然很多事情已然发生且无法改变，我们与其徒然悲伤，不如把有限的时间和精力用来做更有意义的事情。如此一来，我们就会由对事实的抵触，转为对事实的接受和悦纳，从而更好地面对这一切，也积极地改变这一切。

对于完美主义，哈佛教授本·沙哈尔提出了自己的看法，每一个人都应该学会接受自己，不要忽略自己所拥有的独特性，要摆脱“完美主义”，要“学会失败”。追求生命的完美，这本是一种积极的人生态度，但是，过分地追求完美，则会导致消极的负面情绪。与其过分地追求完美而又难以到达，还不如享受当下真切的美丽。

赛德兹说：“你应庆幸自己是世上独一无二的，应该将自己的禀赋发挥出来。”无论是龅牙一样的缺点，还是难以弥补的缺憾，它们都是生命组成的重要部分，在生命中占据着不可或缺的位置。如果我们总是寻找着完美的东西，寻找一份完美的工作，寻找一种完美的生活，然后，生命就在寻找过程中枯萎了，以至于到最后，它都没有来得及释放那真切的美丽。

在现实生活中，“完美”的诞生就伴随着遗憾，因此，追求完美是一个人正常的追求，却也是一个人最大的悲哀。人生贵在真实，瑕不掩瑜，即使有了缺憾，也无损人生真切的美丽。我们在很多时候，要善于接纳自己，无论是自己的优点还是缺点，我们都要以平常心看待。上帝是公平的，当他向你关闭了一扇门，却向你打开了另一扇窗，我们需要做的只是尽情释放出生命真实的美丽。

亲爱的，始终做你自己就好了

我们都知道，现代社会比较讲究包装，为此，很多人都常常禁不住羡慕别人美丽、光鲜的外表，从而对自己的某些欠缺自惭形秽。有的开始模仿他人、追随他人，按照别人的方式来生活，更有甚至，人云亦云，完全失去自己的主见和思想，对于这样“模子”里的人，又有什么趣味可言呢？

相反，那些按照自己的喜好来生活的人，他们脸上总是挂满笑容，他们从不刻意讨好别人，生活有滋有味。因为他们懂得做自己，快乐把握今天，而不是等待将来。事实上，我们每天都可以做自己喜欢的事情，不在乎表面上的虚荣，凡事淡然、不苛求，那么，快乐、幸福就会常伴我们左右。

心理学家称，我们每个人都不应该过分苛刻地要求自己，更不要活在别人的眼光中，正如但丁所说的：“走自己的路，让别人去说吧。”如果你时时关注自己在他人眼中是否足够完美，那么，你最终会殚精竭虑、身心俱疲。其实，生活的目的在于发现美、创造美、享受美，而不善于发掘它的闪光点和长处，就难以找到真正的美。

威廉·詹姆斯曾说过这样的话：“一般人的心智使用率不超过10%，很多人都不了解自己到底还有些什么才能。人们往往对自己设限，因此只运用了自己身心资源的一小部分。实际上，我们拥有的资源很多，但却没有成功地运用。”

好莱坞著名导演山姆·伍德曾说，对于他来说，最头疼的事就是让那些年轻的演员保持自我，他们每个人都想成为翻版的拉娜·特勒和克拉克·盖博，可是观众想要点“新鲜的味道”，而不是那种他们已经“尝过”的。

既然我们有那么多未被开采的潜能，那么，你又何必担心自己不如别人呢?

我们都应该明白，在这个世界上，不会有第二个你，现在没有，以后也不会有。这一点，我们能从遗传学书籍中找到证据。我们每个人都是由父亲和母亲的23条染色体组合而成的，决定我们唯一性的，就是这46条染色体，每一条染色体中，还有数百个基因，任何一条单一的基因都能影响甚至改变我们的一生，这就是令人敬畏的人类生命的形成。

自从你来到这个世界上，你就是独特的，你应当为此而雀跃，你应该善于运用自己的天赋。其实，那些所谓的艺术，也都是对自我的一种体现而已，你能唱的、画的也都只有你自己，造就你的是经验、环境和遗传，无论如何，你只有在你生命的舞台中演奏好自己的乐器，才能活得精彩。

爱默生在他的短文《自我信赖》中说过这样一段话:

“无论是谁，总有一天，他会明白，嫉妒是毫无用处的，而模仿他人简直就是自杀，因为无论好坏，能帮助我们的，只有我们自己。一个人只有耕好自己的一亩三分地，才能收获自家的粮食；你自身的某种能力是独一无二的，只有当你努力尝试和运用它时，你才能真正感受到这份能力是什么，也才能体味它的神奇。”

相信自己，然后做自己想做的人

毋庸置疑，那些在某些领域有所突破或者有所成就的人，都对自己有一种积极的认识和评价，从而产生一种相当的自信。这种自信是一种魔力，即使他们在认清了自己的现状之后，依然能够保持奋勇前进的斗志，而这也是他们必须依赖的精神动力。每个人都梦想过自己能成为什么样的人，也许是科学家，也许是医生或者律师，不过，大多数人却宁愿梦想着，而不实践着，甚至他们希望能得到别人的救赎。事实上，做自己想做的人很简单，只要相信自己，朝着梦想勇敢地奋进，那么我们就真的能够成为我们所希望的那个人。

事情常常是这样的：你认为自己是怎样的人，你就会成为怎样的人；你幻想自己成为怎样的人，你就会成为怎样的人。而成功者常常是这样一种人：他们都拥有非凡的自信，他们相信自己的身价非同一般，并在站立、行走、说话、动作和眼神中展示出这一信念；他们相信自己能够取得成功并确信自己有能力去应付任何棘手的问题。因为持有一种自认身价很高的态度，能吸引更多人更加重视他，从而取得别人的认同和帮助，当然也更容易成功。

莫利是一名资深律师，经常在法庭上慷慨陈词，看起来自信十足，而你一定想不到，他曾经因自卑而患有严重的口吃。

莫利出生在一个贫穷的家庭，他的父亲是个裁缝，靠着给富人做衣服勉强维持生计。他的母亲是个洗衣工，专门给有钱人家洗衣服，缝缝补补。每到寒冷的冬天，莫利为了帮助家里节约开支，不得不挎着一个破破烂烂的篮子，四处寻找散落的煤块。为此，莫利感到很难为情，他最害怕的就是被同学们看到，遭到同学们的嘲笑。

有一天，正当莫利专心致志地找零散的煤块时，成群结队的同学看到了他，全都无情地嘲笑他。莫利觉得难堪极了，惊慌之中甚至丢掉了破篮子，一个人不顾一切、泪流满面地跑回家。从此之后，他更加自卑、沉默，生活之于他，似乎像黑漆漆的煤块一样了无颜色。

一个偶然的机会，莫利读到了一本关于奋斗的书。书中的主人公虽然历经艰辛，备受生活的折磨，却从未放弃希望，最终迎来了人生的辉煌。莫利对主人公的遭遇感同身受，甚至想到了自己。他暗暗想：假如我也能够这样坚强勇敢，人生一定也会变得与众不同。莫利暗暗发誓一定要昂首挺胸，不再畏缩。再一次提着篮子去给家里捡煤块时，莫利又遇到了那些嘲笑他的同学。这次，他没有仓皇而逃，而是迎着他们勇敢地走上去。就这样，莫利成功了，他打败了那些孩子，也找回了自己的尊严。从此之后，莫利奋发苦读，一鼓作气，在战胜内心恐惧的同时，也彻底改变了自己命运的轨迹。

莫利是个穷苦人家的孩子，这样的孩子因为从小就遭到他人的嘲笑、挖苦和讽刺，因而总是有些胆小怯懦，甚至非常自卑。幸好，他读到了一本能够启迪他心智的书，才能够破釜沉舟，为了自己的命运奋力一搏。他战胜了内心的恐惧，也赢得了成功的人生。

有的人梦想成为明星，有的人梦想成为富翁，有的人梦想成为伟人，但是，他们却因为缺乏勇气而与梦想失之交臂。梦想需要勇敢地拼搏，在追逐梦想的过程中，我们会遇到许多实现梦想的机会，但却常常由于怯弱和畏惧的心理而放弃了努力，导致机遇一次次与我们擦肩而过。其实，只要我们克服胆怯心理，勇敢地奋进，我们就能够做自己想做的人。

小时候，幼儿园老师总是有意无意地引导我们："将来长大了想做什么样的人？"有时候，我们会认为自己天生就知道自己能做个什么样的人。但是，长大后，我们会发现，自己早已忘记了儿时的梦想，在成长过程里，由于缺乏勇气，我们将梦想搁浅了。不过，一个人究竟想成为什么样的人，或者内心深处想做什么样的人，这种感觉是不会变的。

的确，每个人的能力都是一定的，如果你认定自己是一个有能力的、有才华的人，那么你就会发挥出你的一切天赋；相反你否定自己，认为自己是个"窝囊废"或者"疯子"，那么你就觉得自己一无是处，根本发挥不出任何优势。事实上，只要一点点肯定自己，就会获得别人加倍的认可，这样你就会离成功越来越近。

如果对自己失望，从而失去了生活的希望，那么，能够挽救自己的只有一个人，那就是自己。很多时候，我们希望上帝能救赎自己，甚至把自己的处境归结为被所有人抛弃了，其实，没有人能够抛弃自己，除非你已经抛弃了自己。当生活遭遇了挫折与困难的时候，我们唯一能做的就是勇敢向前，一步一步向自己的梦想靠近，最后，真的会成为自己想做的那个人。

第6章 找到最适合的鞋子，活成最喜欢的样子

在我们的生活中，我们每个人都希望成为他人眼中受欢迎的“完美”的人，所以他们经常会按照他人的“期待”生活，久而久之，就不再是自己，也就再无快乐可言。而快乐的人之所以快乐，就是因为他们能正确地认识自己，从而摆正自己的心态，他们懂得享受生活，懂得把握当下。事实上，我们每个人都可以做自己喜欢的事情，不在乎表面上的虚荣，只做自己，活出自我，那么，你就是一个快乐的人。

接纳自己，拥抱自己

《物性论》的作者卢克莱修曾经在他的文章中写道："要多多称赞肤色黝黑的女孩'你的肤色如胡桃那样迷人'，不妨将'骨瘦如柴'改为'像可爱的羚羊一样灵活'，将'喋喋不休'改为'雄辩的才华'。这样与众不同的语言可以将相同的事实完全改观，给人以不同的心理感受。用这样有价值的措辞，可以将同一个事实完全改观，并去除自卑感，让你享受愉快的生活，并带给人以强大的自信。"一个人的信心并不取决于他自身拥有的力量和价值，而取决于自己对自己的认同。只有认同自己，才能找到自身的价值，并建立信心。

每个人都想成为高大的树木，渴望矗立在高处俯瞰这个世界，但是，生活的现实与残酷却让我们成为了一棵棵小草。与其他人相比，自己的生活显得那么不堪，于是，许多人觉得自己没有价值，或许将在庸庸碌碌中度过一生。其实，小草也有它的价值，当所有高大的树木都已经枯亡时，那一片绿意盎然的小草却释放着最后的美丽。它们并不想成为高大的树木，它们深知自己的价值是什么，只想做它们自己，怀着这样一份希望，它们自然生机勃勃、春意盎然。如同小草一样，我们每一个人都有自己的价值，没有任何人或事能够取代我们，也没有任何人或事能够贬低我们，除非我们自己看轻了自己、自己贬低了自己。

为此，你需要做到的是：发现你的优势

首先是明确自己的能力大小，给自己打分，通过对自己的分析，深入了解自身，从而找到自身的能力与潜力所在。

（1）我因为什么而自豪？通过对最自豪的事情的分析，你可以发现自身的优势，找到令自己自豪的品质，如坚强、果断、智慧超群，从而挖掘出自己继续努力的动力之源。

（2）我学习了什么？你要反复问自己：我拥有多少科学文化知识和社会实践知识？只有这样，才能明确自己已有的知识储备。

（3）我曾经做过什么？经历是一个人最宝贵的财富，往往可以从侧面反映出一个人的素质、潜力状况。

穿适合自己的鞋，走适合自己的路

有人说，我们的人生就好像一条船，自己就是掌握方向的舵手。在人生的海洋中，有的人像无舵船，他们幻想能漂到一个富裕繁荣的港湾，而现实证实这多半是一种幻想和奢望。面对风浪海潮的起伏变化，他们束手无策，只能随波逐流，幸运者能漂进某个避风港，不幸者可能触礁或搁浅。但那些成功者，他们花时间研究计划、确定目标和航向，他们坚持走属于自己的路，从此岸到彼岸，有计划地行进。因此，我们每个人都要勇敢地做自己心灵的舵手，穿适合自己的鞋，走适合自己的路。

许多事例证明，别人给予的意见和评价，往往不是正确的。20世纪伟大的科学家爱因斯坦4岁时才会说话，7岁才会认字。老师给他的评语是“反应迟钝，不合群，满脑袋不切实际的幻想”。享誉世界的音乐家贝多芬学拉小提琴时，技术并不高明，他宁可拉自己作的曲子，也不肯做技巧的改善，他的老师说他绝不是个当作曲家的料。大文豪托尔斯泰读大学时因成绩太差而被劝退学。老师认为他“既没读书的头脑，又缺乏学习的兴趣”。如果以上诸位成功人士不是走自己的路，而是被别人的评论所左右，他们就不会取得举世瞩目的成就。

很久以前，一对父子想把家里的驴子卖掉。一天，他们给驴喂饱草料，就牵着驴往集市走去。没过多久，他们来到一个村庄。看到他们，村民们指指点点地说：“这两人肯定是傻子吧，要不为什么牵着驴，不知道骑呢！”听到村民的话，父亲纵身一跃，骑到驴背上。儿子呢，走在前面牵着驴，继续慢慢地走着。过了一会儿，他们又来到一个村庄。上午10点，太阳正好呢！村民们聚集在路旁晒太阳，看到他们不由得生气地说：“真不知这个孩子是不是亲生的！你看看，世上居然有人这么当爸爸。他骑着驴倒是很舒服，孩子却跟着走，可累坏了。他一点儿都不心疼呢，真是个狠心的人！”听到大家的指责，爸爸面红耳赤，赶紧跳下来，把儿子托举着骑到驴背上。

他们的家距离集市比较远，要穿过好几个村庄。父亲牵着驴，儿子骑着驴，走得汗流浃背。很快，他们又来到了一个村庄。这时候，年轻人都下地干活了，村子里只有老人在街道上站着闲聊。看到这父子俩，老人都很气愤。他们指着儿子破口大骂：“你们看看这个不孝子，年轻力壮的骑在驴背上偷懒，却让头发花白的老父亲跟着走。这可真是世风日下，人心不古啊！”父亲听到了老人们的骂声，思来想去，他决定也骑到驴背上。这样，那些人肯定就无话可说了。

这头小毛驴还不够强壮，驮着父子俩，累得吭哧吭哧的，气喘吁吁。他们不停地吆喝着小毛驴往前走，生怕遇到什么人再说些不中听的话。真是怕什么来什么，刚刚走了一会儿，一个老爷爷就迎面走了过来。看到小毛驴累得鬃毛都湿透了，他毫不客气地指着父子俩大骂起来：“庄稼人都拿牲口当命根子，你们俩倒好，有手有脚，也不残废，居然连路都不会走了。这头小毛驴投胎到你们家真是瞎了眼，要出这么大的力气，要不了多久就会累死了。”被老爷爷指着鼻子骂完之后，父亲和儿子灰溜溜地从驴背上跳下来，再次牵着毛驴往前走。走着走着，父亲突然觉得不对劲，心想：“我们刚刚出门的时候就是牵着毛驴的呀，结果被人家骂作傻瓜。现在可不能再这样走了，要不然还得挨骂。”和儿子认真商讨之后，他们决定抬着毛驴。这样，其他人即使看到了，也没有理由再骂他们了。想到就做，父亲当即去找了一根树干当扁担，又找了些麻绳，把小毛驴结结实实地捆绑起来，四脚朝天地抬着往集市走去。

父子俩累得气喘吁吁，走了很久，终于来到了集市的小桥上。桥头站着的生意人看到他俩累得上气不接下气的样子，又看到毛驴是活的，不由得哈哈大笑。他们笑着喊道：“快来看啊，天底下绝无仅有的傻瓜啊！活着的小毛驴，不牵着走、赶着走、骑着走，居然抬着走。大家都来看，这对抬驴的大傻瓜！”在人们肆无忌惮的笑声中，父子俩慌了神，又因为体力不支，不由得摇晃了好几下，差点儿摔倒。小毛驴受到惊吓，拼命挣扎起来。最终，父子俩抬着驴“扑通”一声掉进了河里。父子俩游上岸，把毛驴打捞上来，一看，毛驴已经死了。

在这个事例中，父子俩最终之所以如此狼狈，还失去了小毛驴，就是因为他们没有自己的主见，不管别人说什么，都不假思索地照着去做。假如他们能够坚定不移地按照自己的想法去做，不在乎别人说什么，那么不管是牵着驴赶着驴还是骑着驴，最终一定能够安然无恙地来到集市，卖掉小毛驴。最可笑的是，虽然他们不断地按照别人的评论去改变，最终还是难免被人骂作世界上绝无仅有的大傻瓜。

每个人看待问题的角度和立场都完全不相同，所以，不管我们如何改变，都无法让所有人满意。既然无论如何别人都不会完全满意，我们为什么不做回自己呢？人生，最重要的是要活出自己的精彩。所以，走自己的路，让别人说去吧！至少，我们做过自己，证明了自己。

要想走好自己的路，首先要修炼自己的内心。人们是群居动物，遇到事情的时候总是喜欢三言两语地讨论，或者发表自己的看法。在这种情况下，如果你过于在意别人说什么，自己的内心就会受到困扰。当然，这句话的意思并非是让我们固执己见。归根结底，别人提出的正确的意见或者建议，我们可以根据现实情况适当采纳。然而，如果仅仅是观念不同导致的，则没有必要打乱自己的阵脚，否则最终会一事无成。为人处世，应该淡定平和。只要尊重自己的内心，不违背社会公德和秩序，我们就无须逢迎他人。常言道，鞋子合不合脚，只有自己知道。对于发生在自己身上的事情，怎么做才是最好的，也只有自己才知道。

不去比较，最优秀的人恰恰是你自己

生活中，我们发现，不少人喜欢拿自己和某种人对比。相比之下，他们发现，自己在很多方面都不如人，例如工作能力不如同事，工资不如同学，孩子没别人家的聪明，自己太瘦、太胖或者太矮，等等，因为他们觉得自己一无是处。

其实，你要明白一点，你永远也不可能是这个世界上最优秀的人，所以你不必自卑。每个人都是独一无二的，没有人和你一样，这就好比每一片树叶和每一朵雪花都是不同的，你不必与别人一较高下，因为你是独特的。

每个人内心的自卑确实都不是来自其经验或者事实，而是来自其对事实的结论或者看法，例如，你没法唱出动听的歌声，无法在世界级的舞台上翩翩起舞，但这并不代表你是个“不行”的人，你所有负面的想法都是来自你错误的比较。

已经成为一名知名律师的杰维森阐述自己在中学时代的经历：

“那时候，我似乎真的比别人笨，无论是学习还是干别的，都慢半拍。成绩很差，每次考试都是倒数几名。为此，老师说我无可救药了，同学们也看不起我，我一度认为，自己这一辈子就这样了，什么都会落后于别人，然而，经过那次事情后，我对自己产生了不一样的看法。

“一天，老师在课堂上宣布将有一位著名学者来班上做实验，当时，我心想，这件事与我何干？但是，同学们议论纷纷，都说这个人带来了一个神奇的仪器，它能测出来我们这些人谁能在未来成为国家栋梁。这和我更没有关系，我想着，随后就出门玩去了。

“著名学者在班里尖子生殷切的眼神中到来了，他抽中了五个学生，我怎样也没有想到，这五个人中竟然有我。来到办公室，看见身边的都是尖子生，我感到莫名其妙。学者开始讲话了：‘孩子们，我仔细研究了你们的档案和家庭以及现在的学习情况，我认为你们五个人将来会成大器，好好努力吧。’

“当时，我心都要跳到嗓子眼了，我以为自己听错了，可是看着在场人的表情，我知道这是真的，我想：原来我还有希望，这位学者是这么说的，他的预测一向是准确的，我要好好努力。原来我与那些所谓的尖子生并没有两样，我就这样一直鼓励自己，我的成绩很快就上来了，再也没有人看不起我了。

“现在的我，已经是业内小有名气的人物，我想，这一切都得益于当时那位著名学者的鼓励吧。”

大部分人都没有意识到自己是最优秀的，所以，他们成为庸庸碌碌的人。像杰维森一样，在与班里那些尖子生比较之后，他觉得自己这辈子再也不会有什么出息了，自甘堕落，自暴自弃。假如杰维森的人生中没有遇到那位著名学者，那么，他就不会坐在哈佛大学的教室里了。其实，智者与庸者的差别在于，智者从来不与他人比较，他们相信自己就是永远的第一；而庸者总是沉迷于比较游戏中，他们在比较中丢失自我，最后成为平庸的人。

很多时候，我们总是习惯与他人比较，觉得自己能力不如人，长得也不那么漂亮，好像自己真的一事无成。然而，命运对每一个人来说都是公平的，“垃圾也不过是放错了位置的财宝”，更何况对于我们而言呢？我们每个人都有自己的价值，这是毋庸置疑的，我们需要做的就是不忽视自己的价值。

当然，一定的比较可以促使我们取得进步，但是，大部分的比较只会带给我们失落或者沮丧，在比较之后，我们变得不再相信自己，甚至自暴自弃。所以，不要盲目去比较，因为最优秀的人恰恰是你自己。

爱迪生说，自信是成功的第一秘诀，自信心的树立，不在于和别人比较，而是拿自己的今天和昨天相比。

在爱因斯坦上小学时，有一次上劳作课，同学们都交了自己的手工作业，但到第二天，爱因斯坦才慢吞吞地交给老师一只粗糙的小板凳，对此，老师的评价是：“我想世上不会再有比这更坏的小板凳了。”但对此，爱因斯坦的回答是：“有的。”然后他从课桌下面拿出两只小板凳，举起左手说：“这是我第一次做的。”又举起右手说：“这是我第二次做的，我刚才交的是第三次做的，虽然它不能使人满意，但是总算比这两只好多了。”

爱因斯坦的自信就是在和自己的比较中树立起来的。

也许现在的你习惯了去和别人比较，山外有山，人外有人，这样和别人比较下去是没有尽头的，在和别人的比较中我们容易失去自信，同时也被周围的环境牵着鼻子走，所以建立自信最关键的一步就是改变自己老是和别人比较的习惯，一旦自己不知不觉地在和别人比较就要提醒自己打住，这是个思维习惯的问题，经过一段时间的纠正肯定能够改掉。

我们可以去仰慕他人，但是，绝对不能忽略自己；我们可以去相信他人，但最应该相信的人则是自己。如果要想自己不甘于做平庸者，就要摆脱自我怀疑的心理，不要盲目去比较，相信自己就是心中的第一名。每个人都向往成功，然而，我们每一个人都是自己成功人生的缔造者。在一个人的一生中，能力并不是决定成功的关键因素，只要我们相信自己，就能使自己走出成功的第一步。

可见，每个人都有一座宝藏。其实，这个宝藏就是潜力和能力，不要去比较，只要不懈地挖掘自己的宝藏，积极运用自己的潜能，永做心中的第一名，就能够做好自己想做的一切，主宰自己的生活。

不去羡慕他人，只看重自己拥有的生活

生活中，我们发现，一些人不知道自己想要的是什么，于是盲目羡慕，盲目追求，拥有了之后却往往哀叹不如自己想象般美好，在盲目追求的过程中却总是与幸福擦身而过。这才是真正的浪费，不懂得知福惜福，福缘自然浅薄，也许不会潦倒，但很难幸福。

有这样一句话：“享受到的才是真正拥有的。”一个人

能够感受到快乐，不是因为他拥有的多，而是因为他享受到的多。少一些祈求，多一些珍惜；多一些满足，多享受一些自己拥有的，就能够感到快乐。

就算有再多的食物，如果你的舌头没有味觉，也很难感受到吃的快乐；就算拥有再多的唱片，如果你的耳朵不能听见声音，也不能感受到悦耳的快乐；就算有再漂亮的景色，如果你的眼睛没有视觉，也不能感受到悦目的快乐；就算有再温柔的伴侣，如果你的心是闭塞的，也不能感受到体贴的快乐。幸福不是拥有的多，而是能够消化、享受的多，能够珍惜的多。

张岚35岁了，和丈夫的婚姻也已经到了七年之痒的时候。这年，命运给她安排了一场突如其来的灾难，她后来常常想，如果没有这场灾难，也许她和丈夫早已劳燕分飞，因为他们已经没有任何在一起的理由——丈夫马上要出国，可以拿到较高的薪水，而自己也可以像时尚杂志中的单身贵妇一样再寻寻觅觅，找一个配得上自己身份和收入的男人。但命运不是这样安排的。

在丈夫即将出国前，她发现，她身边的任何一个女性朋友，无一不是住着豪华别墅，丈夫或者情人也无一不是行业内的精英或者大老板，而自己的丈夫只不过是技术人员，他的收入让自己过着不痛不痒的日子。这样的日子她已经受够了，同是名牌大学毕业，为什么自己和姐妹们的命运如此不同？

于是，她和丈夫不断争吵，但正如人们说的，“家和万事兴”，不兴，则祸事而至。一天，她在上班的路上，出了车祸，当她从医院醒来后，她发现，身边那个男人已经泣不成声，那一刻，她发现了这个男人的好，她想起了他们恋爱的那些日子。

那时候，她是个害羞、胆小的姑娘，因为担心自己不够优秀，所以不敢去爱优秀的男孩；因为害怕将来失去，所以索性现在拒绝；但真的拒绝了，又怅然若失。直到有一天，她恍然大悟——她遇到一个男人，他们一起收养了一只小狗，再后来，他们相爱了。一次闲聊时，她问他：“如果哪天出现了比我更好的女孩……”他说：“如果有一天，你遇到了比现在这只小狗更可爱的……”她说：“我不会的，这小狗跟了我那么长时间，我们有感情了。”他说：“哦，原来你懂得感情。我还以为你不懂呢。”于是，尽管遭到了很多人的反对，他们还是结婚了。

直到那一刻，付出沉重得不能再沉重的代价，张岚才知道真爱是不可以算计的，因为人算不如天算——如果一个人爱你，他必须爱你的生命，必须肯与你患难与共，必须在你危难的时候留在你的身边而不是转过脸去，否则，那就不叫爱，那叫“醒时同交欢，醉后各分散”。那种爱，虽然时尚，虽然轻快，但是没什么价值。

这场车祸后，张岚在丈夫的照料下，很快康复了，他们之间的婚姻也康复了。

这个故事中，我们看到了一个结婚女人的心路历程。她应该感谢这场车祸，让她看到了自己的幸福，抛开了那些世俗的想法。

其实，要想获得幸福并不难，只要我们学会珍惜，这样你会发现，我是个淳朴的人，我有着可爱的孩子，我的爱人对我很忠贞，这样，你还会羡慕那种浮华的生活吗？还会抱怨吗？

什么是幸福？幸福是一种心境，淡泊宁静，不计较得失，不在乎成败。这是一种睿智的生活态度和生活方式，是对现代文明压抑的一种反抗。

人不能改变过去，也不能控制将来，人能控制、改变的只是此时此刻的心念、语言和行为。过去和未来的东西都虚无缥缈，只有当下此刻才是真实的。因此，一个人的生命不管能否长久，生命的过程都应该是丰富多彩的，人生的道路应该是宽阔有风景的。

实际上，一个人的人生坐标定在什么位置，就有什么样的幸福。最大的幸福莫过于好好活着，珍惜今天，珍惜当下。人生在世，会经历许多事情，坎坎坷坷，酸甜苦辣，人皆有之。一帆风顺，只是祝福语，一种愿望。其实，幸福就在我们身边，是要寻找和创造的。

适合自己的爱人就是最好的

生活中，我们可能有这样的体会：你的闺蜜买了双鞋，看起来时尚极了，你也很喜欢，于是，你也买了一双，但你试穿后，你却发现，看起来很好看的鞋，却并不适合你的脚，于是，你只能放弃……这只是生活中一件简单的小事，但从这件小事中，我们却可以明白一个道理，那就是适合自己的才是最好的。

的确，我们都是在集体中生活的人，我们也都有自己的圈子，于是，我们可能会不经意地用周围人的眼光来审视自己的生活，在婚姻爱情中，一些人会感叹：如果我的爱人也这么漂亮，带出去该多有面子；如果的老公也这么有钱，我就不用这么辛苦了……许多时候，我们往往对自己的幸福看不到，而是觉得，只有别人觉得自己是幸福的，才是真的幸福。而实际上，幸福是属于自己的，他人只能旁观，却不能真正感悟，按照别人的期望经营生活，很可能让自己离幸福的生活越来越远。

事实上，人的一生都在选择中度过，因为有所选择，所以希望最终得到的是最好的，也因为时刻都在选择，所以无法判断什么才是最好的。而其实，根本没有什么最好的，只有最合适的，学会珍惜，学会包容，学会忍耐，这才是对美好爱情的最佳诠释。

的确，幸福是自己的，我们不必太过在意周围人的眼光。我们不能把自己的意识形态强加于别人，当然也不会轻易接受别人的思维。人是群居动物，不是特立独行的，那些“标新立异”的，最后成功的只可能是极少数，且这样的成功都是用很大的代价换取的。与其这样，我们还不如享受自己那些简单的幸福。

总的来说，我们都希望获得幸福的爱情，但幸福只是一种内心的感受，只要我们懂得发现，懂得珍惜，幸福就很简单。所谓珍惜并不是要去珍惜最好的，那不叫珍惜。珍惜的真谛恰恰在于敝帚自珍——正因为不够完美，所以才需要我们去珍惜。唯有珍惜，才能使寻常的日子、寻常的人、寻常的感情历久弥新，变得珍贵起来。

不和自己过不去，也是一种智慧

生活中，我们在做人做事的过程中，都力求做到最好，这会使得你更加完美，会不断进步。我们鼓励认真的态度，是为了让自己的人生变得幸福和充实，然而，生活中却有一些人，他们对自己太过苛刻，无论做什么事，都要求自己做到百分之百，不允许犯一点小错，不允许生活有一点瑕疵，结果常常因为对自己太过苛求而搞得身心疲惫不堪。其实，有缺憾的人生才是真实的人生，我们固然要有追求完美的态度，但凡事努力就行，无须尽善尽美。

在我们工作或生活的周围，有这样一些人，他们对自己定位过高。在他们看来，没将事情做得完美，还不如不做，他们从不允许自己失败，一旦自己某次工作没做到位，他们便茶不思饭不想、神情恍惚，其实这都是苛求自己的表现。并且，这类人高高在上、看似完美，但却没什么朋友，人们也不愿意与之交往，这就是因为他们用完美给自己树立了一个“高大”的形象，反而让人们敬而远之。因此，你需要明白一点，即不必处处完美，凡事都不要逼自己，允许自己做不到100分，你才会活得轻松。

可以说，一个人对自己有高标准的要求是有益处的，它能使我们在正确的轨道上行走。然而，凡事都有度，过度就会适得其反。对自己要求太高，很容易让自己陷入极端状态，例如，当他犯了一点错误时，他便会悔恨不已，甚至会妄自菲薄，贬低自己；那些自控力太强的人时刻会警惕自己的行为是否恰当，他们会比那些凡事淡定的人活得更累。

玲玲是一家贸易公司的主管，已经35岁的她每天忙得焦头烂额，就如她说的：“连恋爱和结婚的时间都没有。”她所在的公司虽然不大，但每天需要处理的事情很多，最要命的是玲玲是一个什么事情都要管的人，大到公司的业务订单，小到快递的电话都要接。然而，即便如此，她还总是觉得自己做得不到位。

一次，公司的一名国外客户前来商讨业务事宜，玲玲原本让小王去应酬，但想想还是自己亲自去，谁知玲玲完全不会喝酒，几杯酒下肚就醉了，然后说了些抱怨工作累、薪水低的话。

第二天清醒后，她懊恼不已，认为这样不仅有损于公司的形象，也可能会传到经理的耳朵里，因为当时小王也在场。为这事，她接连几天茶不思饭不想、一天到晚迷迷糊糊，工作状态很糟糕。

这天下班，玲玲在电梯里居然遇到了小王，窘迫难堪的她还是问候了下属："累吧，回家多休息。"

"没有主管累，那天多亏你，不然我肯定连家都回不了了。"

"那天你也喝醉了吗？"玲玲问。

"是啊……"玲玲这才明白，原来她所担心的事根本不存在。

案例中的玲玲就是个苛求自己的人，因为担心酒后失言可能给自己带来的后果而总是烦躁不安，影响了工作，而事实证明，她的担心是多余的。

完美主义者做事谨小慎微，对自己和他人都要求十分严格，总是认为事情做得不到位。他们太过专注于小事却容易忽视全局，这主要是因为他们性格上的原因，他们对自己要求过于严格，同时又有些墨守成规。通常情况下，他们过于认真、拘谨，缺少灵活性，他们比其他人活得更累，更缺乏一种随遇而安的心态。

要知道，我们不会因为一个错误而成为不合格的人。生命是一场球赛，最好的球队也有丢分的记录，最差的球队也有辉煌的一刻。我们的目标是——尽可能让自己得到的多于失去的。

第7章 做个有爱的人，美好的心灵是对生命的虔诚

心理学家马修·杰波博士说："快乐纯粹是内发的，它的产生不是由于事物，而是由于不受环境拘束的个人举动所产生的观念、思想与态度。"所以用善意去揣度他人，你眼中的大部分人就都是善良的，你的生活就是美好的；而以"恶毒""邪恶"的心去揣度他人，周围的人就都别有用心、刻薄恶毒，生活也往往一团黑暗。你眼中的生活往往是你内心的写照，对此，我们一定要修炼一颗纯净、美好的心灵，要学会助人、爱人，学会控制自己的私欲，只有这样，才能洗涤自己的灵魂，收获美好！

善良是最珍贵的品质

生活中，我们经常被长辈教育要与人为善，做个善良的人，善良的行为可能只是日常生活中无意识的行为，但不管做什么事情，都是要发自内心的。我们之所以将“善良”作为评价一个人的标准之一是因为善良是这个世界上最美好的情操之一。

美国著名作家亨利有一次和他的侄子交谈，他们讨论了很多有趣的话题，最终两个人谈到了什么是善良。他问自己的侄子：“你知道什么是善良吗？”侄子点点头，说：“我知道，可是我无法表达。”亨利笑了笑，说：“你知道什么是人生中最宝贵的东西吗？”侄子点了点头，并说出了包括金钱在内的很多东西。可是这一次亨利却摇了摇头，说道：“在人的一生中，有三种东西是最宝贵的，第一是善良，第二是善良，第三还是善良。”善良是什么？善良是不求回报地付出，是内心永恒不变的那一抹温柔，是与人为善的不变天性。

一个人看到一只蝎子掉在水里，就伸出手来，想把那只蝎子救上来，结果那只蝎子狠狠地蜇了他一下，很疼。那个人下意识地松了一下手，蝎子再次掉进水里，在水里不停地挣扎。

那个人见了，再次伸出手来，结果，那只蝎子又一次狠狠地蜇了他……旁边的人见了，纷纷笑他太傻，说：“它老是蜇你，你为什么还要救它？”那个人抬头看了看他，回答道：“我当然还要救它，因为我们都知道，蜇人是蝎子的天性，这很正常。可对我来说，救人是我的天职，所以我不能因为蝎子蜇人的天性而放弃我救人的天职呀……”

善良的品质不是人人都具有的，但却人人都能感受得到它的存在；善良不是人们与生俱来的附着物，但却是在净化自我心灵的过程中能够得到升华的人格成分。

一位智者曾经说过：善良是一种远见，一种自信，一种精神，一种智慧，一种以逸待劳的沉稳，一种快乐与达观……只要我们自己本身是善良的，我们的心情就会像天空一样清爽，像山泉一样清纯！

哲人说，善良是爱开出的花。善良是优良的品质，是心地纯洁、没有恶意，是看到别人需要帮助时毫不犹豫地伸出自己的援助之手。对于高尚的人来说，他们的品性中蕴藏着一种最柔软、但同时又最有力量的情愫——善良。

就像人的肉体来到尘世，不可能超然于物外一样，灵魂也不可能纤尘不染。被太多自我意识浸染过的灵魂，是会变得越来越沉重的；但经过善良洗涤的灵魂，是会变得越来越轻灵的。

因此，做个善良的人吧，我们所感受到的善良，有时像天使背部一片洁白轻柔的羽毛，让人感觉到温暖，让人感觉到希望；有时又像大力神赫拉克勒斯宽阔厚实的胸膛，让人感到无比的振奋，让人感到无比的力量。

赠人玫瑰之手，经久犹有余香

印度有句古谚：“赠人玫瑰之手，经久犹有余香。”当我们帮助别人的时候，虽说看似自己付出了，但是，我们却能收获一份难得的快乐。如果我们仅仅只懂得收获，而不懂得付出，那么我们就会失去快乐。即使帮助了别人，自己并没有获得任何回报，但是，那份精神上的快乐是任何东西都无法替代的。

快乐守恒定律是这样认为的：“第一定律，当你付出的劳动没有得到金钱和物质上的回报时，一定可以得到等值的精神愉悦；第二定律，当一个人有足够的经济条件助人为乐或乐善好施时，他当年为了生计而不择手段的罪恶会得到一定的忏悔和救赎；第三定律，越是经济发达地区和高收入人群越容易产生义举和义工。”在很多时候，我们模糊了快乐的定义，总是认为帮助别人是一种付出，并把它当作一种不快乐的行为，但事实上，以自己的微薄之力换来的精神愉悦，是何等的不等价交换。所以，学会帮助他人吧，让自己获得非同一般的快乐。

有人说，有爱心的人离幸福最近，他们永远记得去施与，但是却不记得回报。表明上看起来他们很吃亏，但是实际上这是做人的聪明之处，也是他们的人格魅力所在。当然，爱心并不是施舍，爱心也并不是怜悯。爱心需要你以平等的态度付出。有爱心的人，必然会有一颗仁慈博大的心。

美国文学家切斯特菲尔德说："用你喜欢别人对待你的方式去对待别人。"每个人都是需要被理解、同情和尊敬的，推己及人，我们在与人相处的时候，就应该适时表现出自己的爱心。对人对事，与人为善，豁达一些，或是对迷途的人说一句提醒的话，或是对自卑的人说一句鼓励的话，或是对苦痛的人说一句安慰的话。只是一句简单的话，既不要花费什么金钱，也不需要耗费你多少精力，而对需要你帮助的人来说，却相当于旱天的甘霖、雪中的炭火。

马克·吐温曾说："善良的、忠实的心里充满着爱的人，不断地给人间带来幸福。助人为乐者，他们拥有一颗充满爱的心，而爱心的力量是最伟大的，也是人间最美好的情感，谁拥有了它并付出了它，谁就拥有了一个最美的世界。"

如果自己的快乐总量比正常人多一些，是因为自己占有了别人曾经遗失的快乐；如果自己的快乐总量少一些，是因为自己的快乐曾经遗失了一些。有时候，我们会感觉异常烦闷或懊恼，这时候，你可以反思自己，是否我们在生活中遗失了快乐呢？自己的内心是否变得吝啬呢？所以，从今天起，学会布施吧，遵从快乐守恒定律，让自己感受一份非比寻常的快乐。

心怀善意看待别人的行为

别林斯基说：“美丽，都是从灵魂深处发出的。”善良与爱心，是一个人最美丽的外衣，而善良不仅包括助人帮人，还有心怀善意去看待周围的人和事，这样，不仅能让他人感受到你的善意，你的世界也会是充满善意的。

宋代大文豪苏轼和佛印禅师关系友好，常常在一起谈诗论道。有一天他和佛印在一起谈论禅理，佛印问道：“你看我像什么？”苏东坡顺口答道：“我看你像一坨屎。”然后得意扬扬地问佛印：“你看我像什么？”佛印叹息一声：“我看你像一尊金佛。”苏轼闻之飘飘然，于是跑回家向苏小妹吹嘘自己如何一句话噎住了佛印禅师。苏小妹听后摇着头，大笑道：“禅语讲究‘我眼照我心’，你境界低了。佛印心中有佛，看万物都是佛。你心中有屎，所以看别人也都是一坨屎。”苏轼听后羞愧难当。

生活就是这样，你心中有什么，你眼中的生活就是怎样的，然后你的生活就会变成那个样子。萧伯纳曾说：“如果我们感到可怜，很可能会一直可怜下去。”所以让生活变得丰富多彩、无限快乐的唯一方法就是让自己的内心丰富起来，让内心真正善良美丽起来。

做到这一点并不困难。无论遇到什么事，永远从好的一面去看，用一颗善良的心去理解，就能够发现事情有利的一面，也就能看到生活美好的一面。

有这样一个童话：

一个乡下农夫，用自己健壮的马换了一头奶牛，农妇听了，笑嘻嘻地说："太好了，感谢上帝，我们有牛奶了，还有黄油和干酪，换得太好了！"接着，农夫又用奶牛换了一只羊，妻子快乐地说："你考虑得太周到了，这样我们可以喝羊奶，有羊奶酪，还可以穿羊毛袜子和羊毛睡衣，奶牛是拿不出这些来的。"后来，农夫又用这只羊换了一只鹅，妻子大叫道："这真是个好想法，我们马丁节有烤鹅吃了！"农夫又把这只鹅换成了一只母鸡，妻子快乐地说道："母鸡太好了，母鸡会下蛋，还能孵小鸡，我们就会有鸡场了。"就这样，虽然他们总是在走下坡路，但他们总是那么乐观，永远从最好的方向去理解事情，于是他们生活得很幸福。

用善意去看待别人的行为，从好的方向去理解别人的话，就能够发现周围的一切人都是善良友好的，都是你的朋友。如果总对别人充满敌意，敌视对方，你会发现周围都是你的敌人。生活是一面镜子，你对它笑，它也会对你笑；你对它哭，它就会对你哭。当你总是看到自己心满意足的那一面，看到生活中充满愉快、充满希望的那一面，你就会永远去追求光明和希望，追求自己的梦想，这样就算不能实现，你的内心也是充满快乐的。

事情永远都是有两面性的，如果只能看到它“祸”的一面，你就永远生活在悲伤、哀叹当中，怨天尤人，自怨自艾，成为一个“可怜人”。如果你能够看到它“福”的一面，就会努力去追求，努力去改变现状，生活自然也就变得光明起来了。这就是幸福生活的原动力，有了这样的心态，平凡的生活也会越来越美好，越来越丰富多彩。

拥有善良的心，看什么都美，听什么都悦耳，做什么都兴致勃勃。当你高兴的时候，兴致高昂的时候，是不是周围的人都显得那么热情友好？就算平时讨厌的人也顺眼起来了？而当你心情低落、烦闷的时候，是不是看什么都郁闷，周围的一切都那么不顺眼，甚至鸡蛋里也能挑出骨头来？每个人都有愉悦的时候，也都有心情不好的时候，所以生活在每一刻都是不同的。想要自己的生活快乐、美满，就要有一颗知足的心，有一颗善良、美丽的心，有一双时刻能够发现美妙生活的慧眼。

帮助他人，享受付出的快乐

我们发现，当自己做了一件好事，帮助了别人之后，你会感觉到非常快乐、非常开心。相反，当你伤害了别人之后，你会觉得非常难过和自责。这是因为在你帮助了别人之后，你得到了自我的肯定和认可，所以你开心；同样，当你伤害了别人之后，被自己否定，你会难过和自责。从这个意义上，我们可以说，快乐是向别人付出的收获。

小美是个善良的女孩，已经上初中了。这天早上，她晚起了会儿，眼看就要迟到了，她匆匆穿上衣服，收拾好书包就出门了。

小美知道，这个点儿，到学校的公交车就只有一趟了，如果错过了，她就会迟到。当她跑过路角的一刹那，差点被绊倒，扭头一看，一个只有七八岁的小男孩在寒风中瑟瑟发抖，他拿着一个破碗，声音微弱地说："姐姐，行行好吧，我很饿。"

小美很受触动，看到可怜的小男孩，她差点掉下泪来，所以，她毫不犹豫地把自己身上带的零花钱全部给了那个男孩，还把准备买复习资料的300元钱也塞到了男孩的衣兜里。看着小男孩冻得通红的脸，她把自己的围巾和帽子也给了男孩，转身离开了。就在她转身离开的一瞬间，她听到了小男孩发出的惊喜的喊叫声。

那一天，她没有赶上公交车。当她来到学校的时候，因为迟到被老师罚站到了门外，冻了一个早晨。但是小美却非常开心，放学回到家里的第一件事就是把她所做的告诉了妈妈。

妈妈平日里对小美管得很严，不让她随便花钱，所以，当小美把这件事情说出来的时候还有点担心，但是她觉得她很开心，想和妈妈分享。

妈妈听了小美的话后，并没有责怪她，而是笑着对她说：“小美，你真的长大了。”

爸爸知道了说：“小美，你被老师罚站，一点也不后悔、不抱怨吗？”

小美笑着说：“不后悔。后悔什么呢？我觉得我做的是对的，如果我不帮助他，或许他要一早上，甚至一天都要挨饿的。他那么小，又穿得那么单薄，无家可归，他比我更需要那些钱。”

故事里的小美因为帮助了小男孩，而被老师罚站了一个早上，尽管她没有得到任何的感谢和回报，可是她却非常开心。可见，当一个人为别人付出了，帮助了别人之后，得到的是自我的肯定，是开心和快乐。那么，我们如何通过帮助别人获得快乐呢？

1. 不要去向别人索取回报

有些人在帮助了别人之后，便等着别人来给予自己回报。如果对方不回报，便觉得自己受了伤害，觉得当初不应该帮助别人。这样一来，就将你的付出严重地扭曲了，而且，你也感受不到快乐。因此，当你想要帮助别人的时候，不要去向别人索取回报，因为这样会让你觉得是在做交易。如果你是出于好心想帮助别人，就不要向别人索取回报，这样你才会感受到那份发自心底的开心和快乐。

2. 不要等待别人来说“谢谢”

通常，我们帮助了别人，别人会表达感激之情，会说“谢谢”。因此，很多时候，我们在帮助了别人之后，会等着别人说“谢谢”，如果对方不说，那么就觉得对方不知道感恩，帮助他太不应该了。事实上，这与你当初想帮助别人的初衷背道而驰。因为对方需要帮助，所以你帮助了对方，你自己已经获得了自我的满足和肯定，获得了快乐。如果别人不说“谢谢”，就觉得不应该帮，那么你就要问问自己了，是不是为了让对方感激你你才帮助他人的？

3. 不要计较你付出了多少

很多人在帮助别人的时候，往往会权衡利弊，如果不会给自己带来麻烦，造成损失，便会毫不犹豫地帮助别人；如果自己付出太多，便觉得吃了大亏，不愿意帮助别人。这样你同样不会快乐，因为在你的心里更多的是利益和得失，而不是一颗真诚的心。你不会被自己所肯定和认可，相反还会受到良心的谴责。因此，在帮助别人的时候，在力所能及的前提下不必过分计较你付出了多少，你的目的是帮助别人，不是计较得失。

4. 要发自内心地帮助别人

如果你帮助别人不是心甘情愿的，那么你也不会快乐，相反会感觉到非常委屈。因为快乐是一种由心底发出的情绪，心里开心便会快乐，心里不开心自然不会快乐。你不是心甘情愿地向别人伸出援手，心里有怨气，当然感受不到快乐了。

因此，我们每个人都要明白，要想获得快乐，就要心甘情愿地去帮助别人。当然，你的帮助也要量力而行。

心怀感恩，珍惜别人的爱和关心

有人说：“感恩是一种追求幸福的过程和生活方式。”一个人如果有了感恩之心，时刻感激他人，那他就很容易得到幸福。感恩心态很多时候就是一种满足心态，如果感觉不满足，自然会怨天尤人，更谈不上感恩了。如果对生活满足，并因此而感激上天，感激周围给你带来种种方便和帮助的人，怎么会不幸福呢？所以说感恩是一种追求幸福的生活方式。

对于周围的一切，如果我们能够这样看待，生活中就少了很多抱怨，无论如何，珍惜我们拥有的，才能感到幸福。如果总觉得别人亏欠自己，从来感觉不到他人给予你的一切，而只想着命运给你的磨难，就只会怨天尤人，你的心里就只能产生抱怨，而不会感恩。这样的人怎么可能体会到生活的快乐？怎么能感受到那些细微的喜悦和爱？

尼采曾经说过：“感恩即灵魂上的健康。”可见一个懂得感恩的人，从心理上来说，是非常健全的；而不懂得感恩，总在抱怨的人，往往在心理上存在缺陷，或者自卑，或者自私，或者心胸狭小、刻薄寡恩，有这样的个性缺陷，很难获得快乐。而且，长时间吝于感恩和回报也会造成心理上的缺陷，如果是原本的生活环境影响了你的个性，不妨从现在开始就学着用感恩的心态看待事情，善待他人，不久也许你的处境就会改善，性格也会开朗很多。

莉莉是公司里的一个小职员，年轻漂亮，但是工作经验很少，很多事情都要向同一个办公室的琳琳姐请教。那位琳琳姐是个热心肠，莉莉一遇到问题她就非常积极地提出建议。莉莉习惯了她的帮助，有时候竟然忘了说句谢谢。后来，琳琳姐生病住院了，医生说需要休养半年才行。

琳琳姐不来上班了，莉莉心里空荡荡的，好像少了一些什么，但是又说不出来。每当遇到问题的时候，莉莉都觉得有琳琳姐在实在是太好了，什么问题都可以向她请教。有一次，莉莉对一种货单实在是不知道怎么处理，想去问别的办公室里的人，又不好意思，自己研究了一上午也不知道怎么办，最后鼓足勇气去向别的办公室里的人请教，问题解决了，莉莉对人家千恩万谢，心想真应该感激琳琳姐那么无私地帮助自己，也真该庆幸有那么一位好同事。

半年之后，琳琳姐终于回来了，莉莉高兴地给了她一个大大的拥抱。莉莉非常珍惜和琳琳姐相处的日子，什么活都抢着干，遇到问题两人一起解决，就这样，两人同心协力，把工作处理得井井有条。琳琳姐觉得和莉莉在一起非常开心，工作中一点烦恼也没有，身体也健康了。

很多时候，我们会把别人对自己的好心帮助视为理所当然，朋友乐于与我们交往，一些小事情，当然帮得十分乐意。但是，谁都不愿看到自己的好心得不到好报，一次两次也许还可以忍受，但是渐渐地就会用光朋友的交情。那时候，朋友似乎不再那么乐意助人了。所以说，我们不要把对方的帮助看作是应该的，没有谁应该对谁好，如果你身边有一位乐于助人的人，请你一定要善待他。

人们在生活中心存感激，是一种生活态度，是一种对未来、对社会发展充满希望的心态，也是人的一种处世性格，能做到这一点，就会少了很多的烦恼和不满，也就少了很多的迷茫，永远对生活心存感激，让自己的生活永远充满快乐和幸福。

相反，如果不懂感恩，你就会陷入一种糟糕的境地，对许多客观存在的现象日益挑剔甚至不满。如果你的头脑被那些令你不满的现象所占据，你就会失去平和、宁静的心态。久而久之，你就会变得越来越消极，心情也会越来越杂乱。

其实，生活中有很多值得我们感恩的事情，只有静下心来，用心去体会周边的世界，你才能够发现。例如，同事总是能够给我们支持和配合，不管是不是他的分内事；无论是否出于对我们才能的欣赏，总有人喜欢我们，并跟我们结成好友；父母会无条件地爱我们，孩子会无理由地仰慕我们，并认为我们说的是正确的……乌鸦有反哺之义，小羊有跪乳之恩，对这个世界，唯一能够回报感激的方式就是不求回报地自觉奉献。如果你能够对陌生人都存着一份善意，善待他人，就是对社会感恩的最好方式了。

1. 知恩图报

动物尚且知道“知恩图报”，人在接受了别人的帮助以后更是应该懂得去感恩，这也是一个有良知的人应有的举动。俗话说：“受人滴水之恩，当以涌泉相报。”对父母的养育之恩、朋友的帮助、兄弟的关心，乃至于大自然所给予的一切，我们都应该心怀感激之情。

2. 送点礼物给对方

也许你不知道用什么方式表达自己的感激，你可以请对方吃顿饭、送对方点小礼物，虽然只是一种形式，但是表示了你的心意，对方也能感受到，知道你是在乎他这个朋友的。大家应该牢记一句话：点滴之恩当涌泉相报，用人格魅力感染身边的人，你才会更加受人喜欢。

3. 换个角度看问题

如果你觉得如今的生活辜负了自己，那么，不妨尝试换个角度，在痛不欲生前，给生活一个微笑。过去并不总是预言着将来，幸福也并不总是虚无缥缈，生活也许听过我们之前的每一句牢骚，但它还没有看到我们今天的表现，不是吗？

从现在开始，感恩命运，感恩朋友和亲人，感恩生活，用感恩的心态为人处世，你将收获更精彩的生活。心怀感恩，就更容易接近幸福。

要想快乐，先要学会分享

萧伯纳有句名言："我有一个苹果，你有一个苹果，交换一下每人还是一个苹果；我有一种思想，你有一种思想，交换一下每人至少有两个以上的思想。"这就是分享的快乐。分享，是指将自己喜爱的物品、美好的情感体验及劳动成果与他人共享的过程。

俄国作家西比利亚克曾说："如果一个人仅仅想到自己，那么他一生里，伤心的事情一定比快乐的事情来得多。"这句话的含义是，自私者无法享受真正的快乐。然而，心理学家认为，自私是人的天性，就像贪吃是人的天性一样。从我们刚出生开始，我们就是自私的，我们不愿把手中的食物和玩具分给其他人。只不过，在逐渐成长的过程中，我们受到了教化，逐渐改正了自私的毛病，而另外一些人，却变本加厉，他们对家人、父母、朋友都很自私，总是一味地索取。实际上，那些自私的人凡事从自己的利益考虑，他们不愿与人合作，他们总会遭到别人的鄙视，也不可能有好的前景，他们鼠目寸光，总是放不开，觉得自己的东西来之不易，而且体会不到分享的快乐。久而久之别人就会对其失去兴趣，因为他们在自私者身上体会不到快乐的感觉。真诚地分享，会让你收获更多。

一位老人对一个前来拜师学艺的年轻人问了这样一个问题："如果你有5个苹果，你会怎么做呢？"年轻人不假思索地回答："我会自己吃掉1个，另外4个分给朋友。"老人似乎对这答案很满意，忍不住好奇地问道："为什么？"年轻人回答道："我吃一个苹果，能品尝出苹果的味道，吃5个苹果还是品尝苹果的味道，不如与别人分享，让别人也品尝苹果的味道，这样，5份苹果的味道变成了1份苹果的味道与4份快乐，何乐而不为呢？"老人赞许地点点头，就这样，这位年轻人被艺术精湛的大师留下了。

一位化学家说："我最喜欢跟我的好朋友在实验室里做实验，因为我能够跟我的好朋友一起渡过难关。"这就是一种分享，爱迪生懂得分享，所以，光明照亮了整个人类世界；凡·高懂得分享，所以，朋友会在"向日葵"里感知燃烧的友情。事实上，真诚地分享，会令我们收获更多。托尔斯泰说："神奇的爱，会使数学法则失去了平衡，两个人分担一个痛苦，只有一个人痛苦；两个人分享一个幸福，却可以拥有两个幸福。"分享，本身就是一个加减法，它令我们的痛苦越来越少，快乐却越来越多。生活中的许多东西都是分享而得来的，如果你想获得更多的东西，那么，请先从分享开始吧！

很久以前，在一个小山村里，住着四个兄弟，他们的父母早早就离开人世了，“长兄为父”，最大的那个男孩便承担了照顾弟弟们的重任。

这天，哥哥从城里打完工，捎回来三块糖。这对于这个贫苦的家来说，简直是最好吃的食物了，看着弟弟们高兴的样子，哥哥便对他们说：“好吃不？”弟弟们都不停地点头，对哥哥说：“哥哥，你什么时候再给我们买糖啊？”哥哥说：“如果你们每天都快快乐乐的，哥哥每天都给你们带糖吃。”

可是，这些没爹没妈的孩子怎么才能天天都快乐呢？

哥哥虽然每天进城，但干的都是一些体力活，如给人搬砖、打杂等，那些城里人都不给他什么好脸色，但他总是很高兴，他一想到家里的三个弟弟很开心，他也就没什么烦恼了。

三个弟弟在家里，虽然见不到哥哥，但也总是很高兴，他们在河边嬉戏，在树林里玩游戏，他们会想念哥哥，不是因为哥哥会给他们带糖吃，而是担心哥哥在外面的安危。

有一天，哥哥还和往常一样从城里回来，但这次，哥哥并没有给弟弟们带糖，弟弟们看着哥哥颓丧的样子，仿佛都明白了什么。哥哥的眼神仿佛也暗淡了很多。

过了会儿，一个弟弟把自己的拳头递给了哥哥，然后打开拳头，哥哥看到里面是六颗保存完好的糖果。接着，一个个小拳头伸向了哥哥，一颗颗糖果轻轻地落在了哥哥的手中。哥哥惊呆了。哥哥搂住了三个弟弟，因为感动，哥哥不禁流下了热泪。

此后，哥哥还是和以前一样，每天都会给弟弟带回来三颗糖，但每天都有一个弟弟不吃，而是留给哥哥，因此，哥哥每天都能吃上弟弟给他的一颗糖。三个弟弟虽然每天都有一个没有糖吃，但他们比以前更加的快乐。

这是个感人的故事，这些孩子，虽然每天有一个人没有糖吃，但却是快乐的，这就是分享的力量，这就是亲情的作用！

一个人不管是拥有还是失去，是愉悦还是痛苦，都需要有人来与自己分享，只有在分享中找到共鸣，他才会收获更多的快乐。一个人的快乐如果没有得到分享，就会变成痛苦，一个人不把自己的快乐分享给别人，那他永远只会自己开心，没有人替他开心，也没有人会明白他的开心。没有人知道自己的开心，那本来的开心就成为痛苦。因而，分享是一种态度，更是一种带着爱的行动，当我们真诚地与他人分享，必然会收获更多的东西。

有人说，要让自己快乐，最好的办法就是先令别人快乐。而分享本身就能带给别人快乐，在分享的同时，他人会感受到那份久违的爱。一份快乐如果乘以十三亿，那就是更大的快乐；一份悲伤如果除以十三亿，那就是渺小的悲伤。分享，有一种神奇的力量，它可以使快乐增加，使悲伤减少，最终，它带给我们的只有快乐。同时，分享是一座天平，你给予了他人多少，他人便会回报你多少。分享是收获的前提，假如我们真诚地与他人分享，那么我们必然会收获更多的东西。

第8章 世上有很多美好，不努力的人永远得不到

生活中，我们都渴望成功，都渴望享受美好的生活，然而，这需要我们付出自己的努力。在人生路上的种种战役中，若总是缺乏主动性和信心，那么，你的这场人生之战最终会失败的。我们每个人都要记住，每个人的命运，只能靠自己设计，靠自己转弯，现在的你可以一无所有，但不能一无是处，你要时刻相信自己，才能战胜灵魂深处的弱点，才能成就强大的自己。

一万小时定律，让世界多出一条路

作家格拉德威尔在《异类》一书中提出了著名的一万小时定律，他对这一定律的阐述是："人们眼中的天才之所以卓越非凡，并非天资超人一等，而是付出了持续不断的努力。一万小时的锤炼是任何人从平凡变成世界级大师的必要条件。"也就是说，任何人，要想成为某个领域内的专业人士，那么，需要一万小时，按比例计算就是：如果每天工作8小时，一周工作5天，那么成为一个领域的专家至少需要5年。这就是一万小时定律。

从一万小时定律中，我们也可以得出如下结论：任何人，要想在某方面做出成就，就要付出持续不断的努力。

的确，一直以来，人们都赞赏那些有伟大梦想、眼光长远的人，但很多人在憧憬未来时，难免有几分浮躁之气。有时候，事情还没做到一半，他们就认为自己已经大功告成，开始飘飘然了。因此，我们需要记住的是，急功近利，只讲速度，不讲质量，看不起眼前的小事，都是不应有的人生态度。

所以说，人如果有了一个目标，就要坚定不移、全力以赴地去完成它，有了这样的精神，相信任何人都可以实现自己的梦想。

是的，一个人，一辈子只要做一件好事，就没有白过。这样目标明确又坚定的人怎么能不成功呢？这句话也可以这样说：一个年轻人，一辈子只要认认真真做好一件事，就没有白过。

的确，知识和能力、经验的积累，都像建造房子，从砖到墙、从墙到梁，是一个循序渐进的过程，任何能力和知识的得来也不是一蹴而就的，也不是下了决心就能获得的，这需要一个长期的过程。实际上，无论做什么，水滴能石穿，每天进步一点点，并不是很大的目标，也并不难实现。也许昨天，你通过努力学习获得了可喜的成绩，但今天的你必须学会超越，超越昨天的你，你才能更加进步、更加充实。人生的每一天都应该充满新鲜的东西。

1985年，在美国的职业篮球联赛中，洛杉矶湖人队因为队员们出色的球技，拿下冠军已经是手到擒来的事，但在最后的决赛时，因为某些方面的原因，湖人队却输给了波士顿的凯尔特人队，这让所有的球员和教练派特·雷利感到十分沮丧。

派特·雷利是一名金牌教练，他不会眼看着这些球员停留在沮丧中，为了鼓励大家重振旗鼓，他说：“从今天开始，我们能不能各个方面都进步一点点，罚篮进步一点点，传球进步一点点，抢断进步一点点，篮板进步一点点，远投进步一点点，每个方面都能进步一点点？”球员不假思索地答应了他的要求。

接下来，派特·雷利带领球员们进行了为期一年的训练，这一年内，所有球员始终抱着让自己“进步一点点”的精神，不断地提高自己的球技。

终于，在第二年，也就是1986年的美国职业篮球联赛中，湖人队轻轻松松地夺得了冠军。

派特·雷利在庆功时，对所有球员说：“我们今天之所以能成功，绝非偶然。当初，我说我们要做到每天进步一点点，是啊，我们一共有12位球员，有5个技术环节，每个环节我们进步1%，所以一个球员进步了5%，全队就进步了60%，在球技上处于巅峰的湖人队，提升了60%，甚至更高，所以我们获得出人意料的成绩是理所当然的。”

看完湖人队取得成功的故事，我们应该有所启示，只要你每天进步一点点就已经足够，只要是在前进，无论前进多么小的一点都无妨，但一定要比昨天前进一点点。人生也必须每天持续小小的努力，才能有所成就。

现今社会，好高骛远、不脚踏实地是很多人的通病，不少人是思想上的巨人，行动上的矮子，信誓旦旦决定做一件事，但到实施的时候，却做不到一步一个脚印，每天朝目标迈一步，经常三分钟热度，做不到持之以恒。要知道，任何事情的成功都不是一蹴而就的，需要我们一点一滴地付出。小事成就大事，在每件小事上认真的人，做大事一定成绩卓越。

总之，我们每个人都必须记住，梦想的实现必须扎根在现实的土壤中。任何一个怀揣梦想的人都应该让自己沉下心来进入角色，越早进入就意味着你越早成熟，离梦想就越近。

你的努力配得上你的梦想

俗话说："台上一分钟，台下十年功。"有可能在台上表演的时间往往只有短短的一分钟，但为了台上这一分钟的表演时间，许多人却要为此付出十年的艰辛努力，甚至更长时间。我们应该记住，通往成功的道路从来都不会是一条风和日丽的坦途，人生必须渡过逆流才能走向更高的层次，最重要的是在这个过程中要有全心的付出。"锲而舍之，朽木不折；锲而不舍，金石可镂。"一个人只要有恒心，迈着坚定的步伐，义无反顾地向前走，最终会沐浴胜利的光辉。

可见，一个人若是不付出、不努力，就梦想着成功，那根本就是做白日梦，时间不会给予你任何东西，只会给你的人生留下一段空白。生活就是这样，你需要付出，才能有所收获，而这样的付出是不间断的，一旦你放弃了，那你即将获得的成功也会随之不见。在更多的时候，你的付出与收获是成正比的，你付出的汗水和艰辛越多，你收获的东西也会越多。相反，如果你一点都不想付出，只想坐等成功，那是根本不可能的，你终究等来的是一场空。

朋友们，不要再抱怨自己没有结交好远，没有得到命运的青睐，在关注成功者时，我们与其关注成功者的光环和荣耀，不如用心地了解成功者曾经的努力和奋斗。要知道，我们唯有不懈努力，与命运博弈，才能迎来人生的契机。

总的来说，在如今这个时代，人人都有梦想，人人都无愧于梦想家的称号。在遍地绽放的梦想中，我们最重要的就是脚踏实地地坚持自己的梦想，从而做到坚持不懈、百折不挠，才能真正地成就梦想，创造属于我们的未来。让梦想照亮我们前行的路，让人生因为梦想而绚烂吧！

你努力了，为何还是一事无成

生活中，任何人都知道努力在目标实现过程中的重要性，但很多时候，却事与愿违，我们很努力，但却还是一事无成，这是为什么呢？其实，此时，不管你现在的状况如何，你都要扪心自问，你做到尽全力了吗？如果答案是否定的，那么，就要把自己的厚度给积累起来，当有一天时机来临的时候，你就能够奔腾入海，成就自己。所以，我们要记住，不但要努力，更要竭尽全力。

生活中的人们，可能在工作、奋斗之余，你也会编织你的梦想，你也渴望和那些成功人士一样，那么，在努力之前请做好屡败屡战的准备吧。例如，如果你渴望成为一名运动员，那么，你就必须比其他人付出更多的努力。

总的来说，全力以赴是一种工作态度、一种困境之中仍然能坚持不懈的精神，并且，这种精神和态度与现代社会要求创新和变通这一大方向是不矛盾的，新方法和灵感并不是一味地要求我们改变，很多时候，它们也是孕育在原有思路中，只是需要我们达到极限的努力。

要知道，这个世界上，绝没有一蹴而就的成功，更不会有天上掉馅饼的好事情。我们作为普普通通的人，只有不遗余力地努力。所谓靠天靠地不如靠自己，唯有依靠我们自身的努力，我们才能真正做到自强自立，生生不息。

当然，人生充满挫折，尤其是在通往成功的路上，我们更是会遭遇很多磨难，也会遇到重重阻碍。每当这时，我们一味地抱怨命运不公显然于事无补，最重要的是，我们要拼尽全力、不遗余力。要知道，奇迹总是属于那些奋斗到最后一刻也依然充满希望的人。换言之，还有余力的人是没有权利说放弃的。

小夏有着姣好的外貌，她擅长写文章，在学校里也算是个小小的才女。班级里的男生不是没有注意过小夏，但小夏对这些小男生并不感兴趣，而是喜欢年纪稍大的成熟男士。

大学毕业后，小夏回到家乡的小县城，成为一名老师。如果仅从表面来看，小夏很文静，当老师当然是很合适的。但是实际上，小夏的心底燃烧着生命的激情，她根本不甘心就这样在学校里度过自己的一生，更不愿意一辈子都围绕着三尺讲台转。为此，当有朋友介绍她认识李峰时，她就因为李峰在上海工作怦然心动。那时，她天真地想：假如我和李峰结婚，不就可以辞职去上海，从而离开这个死气沉沉的小县城了吗？这个想法使她激动不安，也使她看到人生中不能错失的机会，她几乎在还没有见到李峰的时候就已经决定接受李峰了，原因只是她想去上海。

虽然她曾经对于爱情有着无限的憧憬和渴望，但她还是仓促地决定了自己的婚姻。她在和李峰只见几次面之后，就嫁给了李峰。到了上海之后她才发现李峰的工作并不像他自己说的那么好，而且李峰脾气暴躁，性格偏激，根本就没有上过大学。才刚结婚两个月，小夏就无法忍受李峰，最终选择了离婚。独身一人在上海，原本是依靠着李峰而来的，如今却与李峰变成仇人，形同陌路，小夏感到发自内心的绝望。但是，小夏并没有放弃希望，她很清楚父母辛苦供她读大学，并不是让她自暴自弃的。想到自己还可以挣钱养活自己，她不由得暗暗下决心："我不能放弃，我必须更加努力，才能彻底改变命运。"就这样，小夏住在地下室，开始四处奔波找工作。一个多月后，她找到了一份很普通的工作，而且薪水待遇也不高。接连若干天加班，小夏累得精疲力竭，简直没有力气再挤公交车和地铁回到家里。小夏想要放弃，回到父母的身边接受父母的照顾，但是她知道，自己一旦回去，就再也没有机会走出家乡，一生的命运也许就会彻底改变。

小夏决定咬牙坚持下去，绝不放弃。5年后，小夏今非昔比。她已经成为一家大公司的中层管理者，不但依靠自己的能力在上海买房买车，而且还得到了上司——一位钻石王老五的赏识和喜爱。很快，她就把父母从老家接到上海，彻底在上海安家落户了。

在人生的重大转折点，如果小夏选择了放弃，她也就放弃了整个人生。但是小夏很理智，她在能继续活下去的情况下，依然坚守上海。正因为她当时的决定，她才有了今日的成就和人生，也才彻底改变了自己的命运，成为自己命运的主宰。

谁的人生路会永远一帆风顺呢？谁的青春岁月不是在拼搏和奋斗中度过的？如果我们因为年纪小，不懂得其中的道理，不如问问身边那些年长的人，他们一定会告诉我们人生是熬过来的，是一波又一波、一折又一折这么跌宕起伏过来的。因而要想成功度过人生的沟沟坎坎，我们就必须让自己的内心变得更加强大，从而才能拼尽全力，为了我们明日的成功，付出我们今日所有的能力和精力。

除了你自己，没人可以否决你的人生

生活在这个世界，许多人都会认为自己是渺小的、容易被忽视的，认为自己是平庸的，而其实，平庸的是我们自身，而不是我们的人生。从本质上来说，每个人的人生都是这个世界上独一无二的，这也就注定了人生的不平凡。但是，前提条件是我们要付出努力，才能远离平凡的人生，才能让自己的人生风生水起、卓尔不凡。

我们每个人都要记住，即便现在的你很平凡，但除了你自己，没人可以否决你的人生，只要你付出努力。正如罗斯福曾说："未经你的许可，没有任何人能够伤害你。"遗憾的是，很多人都处于不愿改变自己的状态。如果把世界上的所有人都排列成队形，那么一定是个橄榄形。就是位于两头的人很少，大多数人都在橄榄的大肚子里，踩在一端的头上，却被另一端踩在脚下。毫无疑问，每个人都想要爬到顶峰，从而享受一览众山小的美景。殊不知，要想成为人上人，我们必须付出更多的艰辛和努力，才能打破平庸，创造美好人生。

经历了竞争激烈的高考，又经历了漫长而又煎熬的等待，小马终于等来了大学的录取通知书。他不由得欢呼雀跃，暗暗想道："太好了，我自由了，我终于可以离开家，不再被父母管教，我终于可以随心所欲过自己想要的生活。"因而，去大学报到的时候，他就像是一个刚刚出笼的鸟儿一样，自由、兴奋，甚至迷茫。

开学后，小马很快熟悉了大学校园，也过上了自己想要的生活。然而，他很不喜欢班级里的一个男同学——小李。

小李来自偏僻的甘肃农村，是他们整个县里唯一一位考到北京读大学的。为了给他筹集学费，他的父亲甚至借遍了村里的每一户人家。可以说，他是举全村之力才读上大学的。因而当看到诸如小马这样的同学都在尽情狂欢时，小李丝毫没有心动。相反，他在熟悉大学校园和大城市之后，马上开始为自己制订详细的学习规划和人生规划。小李知道，自己远在农村的父母无法为他提供任何支持，因而要想留在大城市生活和工作，他必须抓住大学四年这宝贵的机会，才能最终改变命运。为此，当其他同学过着悠闲安适的大学生活时，他却争分夺秒，如同正在战场上奋战的士兵一样，绝不敢松懈片刻。每年，甚至每个学期，他都有非常明确的计划，也知道自己必须怎么做才能实现计划，接近人生的梦想。看到这样的同学，小马很瞧不上，他不明白既然已经进入大学了，小李为何过得比高中时期更加辛苦和劳累呢？为此，在班级里，小马和小李向来不是一种人，也没有任何交集。

转眼之间，4年的大学生涯即将结束，小马这才开始慌忙起来，与其他同学一起四处奔波找工作。此时，他们突然得到一个消息：小李被留校担任辅导员，而且被保送就读本校的研究生。这样一个人人都渴望的好机会，居然被小李得到了，同学们议论纷纷，他们都以为小李家里一定有些关系。后来一打听，才知道小李完全是凭着自己这几年刻苦攻读、积极参加学校活动的优异表现，才得到这样千载难逢的好机会。至此，每个人都相信勤奋可以改变命运，但是大学生涯却即将结束了。

小李之所以在大学4年里努力规划自己的每一步人生之路，是因为他很清楚，他除了依靠自己之外，没有任何依靠。靠自己，靠的也并非是聪明，而是勤奋。在1000多个日日夜夜中，当其他同学都在尽情狂欢时，唯有小李以坚强的毅力督促自己不断努力奋进。现代社会，虽然很多人都觉得付出了也未必有回报，但是现实情况却是，虽然付出与回报之间未必成正比的关系，但是如果不付出，绝对是没有回报的，因为这个世界上根本没有天上掉馅饼的好事情，也不会有任何人能够获得一蹴而就的成功。

无论如何，我们如果不想继续平庸下去，如果想让自己的人生摆脱平凡，我们就要努力去追逐人生的梦想。然而，不积跬步，无以至千里，我们必须非常努力地提升和完善自己，从而距离梦想越来越近。要知道，一切的理想和梦想，如果离开了实际的行动，最终就会变成空想，从而使我们的人生彻底落空。所以朋友们，从现在开始就行动起来，远离平庸吧，要相信我们一定是卓尔不凡的。

总的来说，我们的人生，除了我们自己，没有任何人能否决，如果你把自己定位在“平庸之辈”的位置上，你就会妄自菲薄，从而变成了一个抱怨者。当我们把自己定义成弱者，那我们就改变不了什么，除了抱怨还是抱怨。因此，当生活遭遇不幸的时候，我们所想的应该是如何解决问题，而不是不断地抱怨这个问题的存在，这样我们才能真正地解决问题。

梦想清单：5年后，你是什么样子

我们都知道，5年的时间不算短，你能从学生变成一名成熟的社会人士，你能掌握学习到精湛的技术，但前提是你必须有梦想、目标。当前，如果注意力仅仅盯着眼前的薪水，满足于手头的工作，而不去提升自己的能力，去发现更辽阔的天空，我们又怎能在未来为自己赢得一片天地呢？

我们先来假设一下，有两个年轻人，他们能力不相上下，也都一无所有。一个年轻人总是积极向上、每天干劲十足、努力充实自己，每每遇到挫折，依然鼓励自己不能消极；另外一个年轻人，他目标模糊、满足于现状，每天浑浑噩噩、得过且过。想象一下，5年后，他们会有什么不同？

的确，尽管只是5年的时间，他们的差距已经显现出来了，前者通过自己的奋斗，已经小有财富，做人办事顺风顺水，事业越做越大、春风得意。而后者，稍微遇到一些问题，便慨叹自己解决不了，每天活在抱怨中，常常为生计、金钱而苦恼。

这两种人，你想做哪种？当然是第一种！任何人，都希望实现自己的梦想，都希望过上自己喜欢的生活，然而，如果你现在开始不努力的话，一切都是空谈。

任何一个有一番作为的人，都懂得努力的重要性，知道只有努力才能改变生活现状，只有努力才能营造出美好的明天。其实，只要你从现在开始就努力，只需要5年的时间，你的生活和生存状态就会发生翻天覆地的变化。

琳达家里姐妹兄弟众多，经济状况很差，无奈，她只好辍学，然后去一家超市打工。她每天几乎要工作16小时以上，每晚回到家，她的双脚都是浮肿的，但这在她看来并没有什么，让她难过的是得不到别人的尊重。

超市员工是分很多等级的，如果是厂家排遣过来的职员或者正式员工，工作体面，待遇也更好，而那些和琳达一样低学历的临时工，在超市是被人看不起的。

在每天清理货架、搬运商品的工作中，琳达就告诉自己，“我绝不能一直这样干下去”，然后她会在脑海中描绘自己的未来，曾经她读过不少经营学方面的书，为此，她希望自己有朝一日能成为市场营销界的精英，她更有着从营销人员晋升到CEO（首席执行官）的华丽梦想。

不管工作多么辛苦，琳达一刻也没有忘记自己在商场里就已经确立下的梦想。5年过去了，如她所愿，琳达在市场营销领域崭露头角，被一家大企业选中，成为商场事业部的经理。

在你最忙碌、感到疲惫的时候，你不妨看看周围的人，即使做着同样的工作、过着看似差不多的生活，但在5年、10年乃至更短的时间，大家的命运有可能完全不同，因为在每个普通的外表下，都有可能隐藏着不同的梦想，人生因梦想而变得闪闪发光。为梦想而工作，即使顶着压力，背负辛苦，你也会感到快乐。

可见，一个人的行动是受理想支配的。一个人，只要积极向上、朝着自己的梦想和目标奋进，即便当下做着卑微的工作，他也始终会有成功的一天。为此，朋友们，你们也要大胆地编织自己的梦想，让自己的理想超前一些，你的行动就会领先一步，你才能找到前进的动力。心存梦想、力争上游的人，他的每一天都是积极的，长此以往，必定有不凡的成就。

我们不能否认人的智力有差别，但对于大部分人来说，我们的差异并不大。如果我们能为自己确立一个华丽的梦想，并以高标准来要求自己，那么，即使你不会成为人们敬仰的伟人，至少你的人生也会因此而闪亮。

可能很多人一直感叹于他人的成功，也很容易想象自己勇敢的时候是什么样子。但是当突然需要他们拿出勇气时，他们却有点不知所措：他们其实一点也不勇敢，他们还会因为恐惧而发抖。我们甚至可以用“意志薄弱”“两腿打战”“脚底发凉”以及“战战兢兢”等词语来描述他们畏惧时的心态。事实上，我们每个人行走在人生路上都需要勇气，但却因为畏惧而退缩了，这才是人生的悲剧。去做你所恐惧的事，这是克服恐惧的一大良方。

第9章 成长之路不平坦，但阴影的背面总有阳光

台湾著名美学大师蒋勋曾写道：“每个人完成自我，才是心灵的自由状态；每一个人按照自己想要的样子完成自己，那就是美，完全不必有相对性。天地之下可以无所不美，因为每个人都发现自己存在的特殊性。大自然中，从来不会有一朵花去模仿另一朵花；每一朵花对自己存在的状态非常有自信。”面对人生道路中的磨难，有的人选择了“枯萎”，因为他认定自己就是失败的；有的人却选择了完美地“绽放”，因为他们坚信自己才是最美的。其实，成长之路就是如此，既然挫折、逆境、痛苦不可避免，为何不积极接受并实现自我超越呢？

一切，只是为了让你飞得更高

有人说，人生的成长就如同稚鸟，最终我们都会奔向天空，翱翔天际，但成长就要接受风雨，甚至是毁灭性的打击。无论如何，我们都要记住，人生路上不管遇到什么，最终都是让我们飞得更高，都是为了成就更好的自己。

的确，生中的许多磨难是我们不能避免的，它是客观存在的，既然它早已经存在，我们又何必去生气呢？它来了，我们就迎难而上，在磨难中重塑出更加完美的自己。要知道，一切只是为了让你飞得更高。很多人在面对磨难的时候，心底就会发出这样的声音：我战胜不了。在消极情绪的主导下，磨难还没有开始，他就主动放弃了，自然，他也错过了完美蜕变的最后机会。

相反，我们也发现，大凡成功的人，不管是在哪个方面获得成功，一定遭受了比平常人更多的痛苦和折磨。所以，他们才能变得更加坚强，拥有顽强的毅力，支撑自己战胜重重困难和阻碍，最终获得成功。所有的强者，都是不甘心屈服的人。人们常说，不经历风雨怎能见彩虹，就是这个道理。我们如果想变得强大，就要越挫越勇，迎难而上。

身为跳水皇后，郭晶晶承受了常人难以承受的艰苦训练。年仅7岁的时候，其他的孩子还围绕在父母身边尽情享受无忧无虑的童年，她就已经开始接受跳水训练。在残酷的训练中，她曾经两次摔断过腿，脚踝也常年受到疾病的折磨。然而，这一切都没有让她退缩。直到2000年悉尼奥运会，郭晶晶在预赛、半决赛都领先的情况下，最终与金牌失之交臂，这使她产生强烈的挫败感。在参加悉尼奥运会之前，她接受了魔鬼般的训练，整整100多天，她过着是游泳馆和宿舍两点一线的生活，几近崩溃。所以，当只拿到银牌的时候，她在那一瞬间想到了放弃。然而，和所有成功者一样，最终，她选择用更加艰苦的训练来忘记肉体和心灵的伤痛。每次训练，她都憋着一股劲，积累着失败赋予她的经验，决定以自己的实力来与命运抗衡。

如果郭晶晶在悉尼奥运会上放弃运动员生涯，那么，世界游泳冠军史上就少了一枚璀璨的明珠。正是因为坚持，郭晶晶才博得好运，顺利在雅典奥运会夺冠。不管是对于她个人，还是对于我们的祖国，这都是一种幸运。

试想，一个人如果遭受小小的磨难，就马上灰心丧气，陷入绝望的深渊，终日消沉哭泣，那么即使身边遍布机会，他也很难发现。生活，需要发现美的眼睛。如果缺乏这样的眼睛，即使身边开满鲜花，也很难闻到花香。只有百折不挠的强者，始终对生活充满希望，才能在生活的海洋上始终扬起风帆，坚定不移地驶向幸福的彼岸。

齐克果说：“一旦一个人自我设限，并且一直认定自己就是个什么样的人时，他就是在否定自己，甚至他不会自我挑战，只想任由自己一直如此下去，而这终将导致自我毁灭。”磨难是上天给我们的考验，它不是我们最终的归宿，甚至，它是一座人生修炼的高等学府，你是否能从这里毕业，将意味着你人生的成败，更何况，磨难带给你的，比它本身更有意义。

1. 人生是一个不断完善的过程

人生对于我们来说，是一个不断完善的过程，就像小茧一点点褪去衣衫，蜕变为美丽的蝴蝶。人也一样，在磨难中，我们将得到重塑，经历了磨难，我们将变得更加完美，同时，也更接近成功。

2. 每一次磨难都是一次人生历练

每一次磨难都是一次人生历练。在磨难中，强者变得更坚强，弱者变得更软弱。想做一个强者，就要不断地完善自己，克制内心沮丧、愤怒的情绪，勇敢地向前行。那么，面对磨难，不要自暴自弃，不要灰心丧气，不要生气，只要勇敢向前，你会发现，磨难将会成为你人生最珍贵的记忆。

即便是厄运，也要努力支撑自己

人是强大的，也是脆弱的。每当厄运突如其来的时候，人甚至无法抵挡厄运的侵蚀和袭击。很多朋友都有过这样的感受，即在遭遇厄运的时候，简直觉得天都要塌下来了，人生一瞬间变得昏暗无比，似乎再也见不到天日。的确，这就是人面对灾难时正常的心理反应，哪怕是一个强者，也会在短时间内出现类似的感受。在这种情况下，我们应该如何继续生活下去呢？

没有人愿意在痛苦中生活，每个人都向往自由和幸福的生活。然而，这个世界上既没有绝对的自由，也没有纯粹的幸福。每个人的人生都百感交集，苦乐掺半。我们要想突破自己的人生，取得更大的发展，就要战胜厄运，不被厄运扼住咽喉。记住，即便是厄运，也对强者无可奈何。

1880年6月27日，海伦·凯勒降临人世。她出生的时候非常健康，也很可爱。然而，在19个月大的时候，海伦因为一场突如其来的大病，失去了视力和听力，从此生活在无声无光的世界里。海伦是一名重度残疾者，在成长的过程中，她一度因为自己身体的残疾，变得性格暴躁，也很具有攻击性。幸好，父母为她请来莎莉文老师，莎莉文老师教会海伦读书认字，为她打开了通往世界的通道。海伦非常好学，在莎莉文老师的帮助下，她居然完成了大学阶段的教育，而且成为人类历史上首次获得文学学士学位的聋哑人。

海伦虽然自身是重度残疾，但是她努力想要成为一个对世界、对人类有用的人。为了帮助更多的聋哑人改善生活和工作条件，她四处奔走，为残疾人募捐，为更多的残疾人造福。除此之外，海伦还把自己的生活经历分享给每一个人。她的自传《我的生活》自从出版之后，就在美国反响强烈，甚至有人将其称为“世界文学史上独一无二的杰作”。后来，海伦笔不辍耕，创造了《中流》《走出黑暗》《假如给我三天光明》等诸多作品。《假如给我三天光明》被翻译成多种文字，在世界上流传，也给无数人带来了发自内心的勇气和力量。

作为一个重度残疾人，海伦在19个月大的时候就失去了听力、视力。不得不说，这对于还不谙世事的她而言，是灭顶之灾。在刚开始失去听力和视力时，海伦还没有意识到自己与他人的异常，随着渐渐长大，她为此苦恼沉沦。最终她坦然接受命运的安排，在莎莉文老师的鼎力帮助下，成功地扼住命运的咽喉，绝不向命运屈服。

当然，要摆脱厄运，关键还在于我们自己。古语云：“自助者，天助之。”把别人的帮助当作希望，往往只是一种被动的奢求，外界的帮助容易使人更加脆弱，自助却使人得到恒久的鼓励。

朋友们，每个人在人生之中都会遭遇各种各样的厄运，假如我们被厄运打倒，一定会从此一蹶不振，再也没有站起来把握命运的机会。因而在遭遇厄运时，我们一定要鼓起勇气，努力地支撑自己不要倒下。只要熬过了最难熬的时刻，你会发现活着真好，活着就有希望，活着就有可能战胜一切困难。朋友们，让我们成为真正的强者吧，让我们在厄运面前顶天立地，绝不屈服。

风雨会来，也会过去

人生山一程，水一程，总是有高潮，也有低谷，有晴朗，也有风雨，实际上，任何人的人生都不可能是一帆风顺的。面对人生的低谷，我们必须摆正心态。既然低谷是理所当然存在的，我们也就无须因为人生陷入低谷，就总是消极沮丧。归根结底，人生道路总是充满坎坷和崎岖，人生旅程也必然要遭受各种各样的困境。我们唯有理智面对，坚持努力，才能顺利度过这段艰难的时期，从而迎来人生的柳暗花明。也许在人生遭遇困境时，我们还会受到严重的伤害，这也没关系，只要我们拥有坚强的心，我们在人生路上遭受的伤害也会很快复原的。

当然，对于不同的人而言，人生低谷出现的方式和表现形式，都是完全不同的。有些人因为身体太差，整日病恹恹的，这是人生低谷；有些人因为高考落榜经历黑色的6月，这也是人生的低谷；还有些人在工作中处处碰壁，总是难以如愿以偿获得晋升，这当然也是低谷……总而言之，人生低谷的表现形式多种多样，我们唯有坦然面对，才能心态平和地度过人生低谷期。

面对人生低谷，悲观的人不停地抱怨，甚至自暴自弃，导致事情变得更加糟糕；乐观的人却能够坦然面对，坚强勇敢，不到最后一刻绝不放弃希望，甚至用努力付出最终迎来好的结果。不得不说，低谷之所以对我们的人生产生影响，并非因为低谷本身影响了我们的生活，而是因为我们对待低谷的心态和状态不同，导致我们的人生也因为低谷的出现，从而不断地变化。记得曾经有首歌里唱道，山不转哪水在转，水不转哪人在转。的确，面对人生低谷，我们唯有保持积极乐观的心态，才能顺利度过低谷期，迎来人生的柳暗花明。

格哈德·施罗德出生在一个工人家庭，小时候，父亲在远征苏联的战争中牺牲，施罗德兄妹五人与母亲相依为命。有一段时间里，他们住在一个临时搭建的收容所里，尽管母亲每天工作长达14小时，但仍然不能满足家里的开支。年仅6岁的施罗德总是安慰母亲："别着急，妈妈，总有一天我会开着奔驰来接你的。"

逐渐长大的施罗德先是进了一家瓷器店当学徒，后来又在一家杂货铺当学徒。后来，施罗德到格丁根通过上夜大攻读法律。大学毕业后，他获得了律师资格，成为一名律师，不久之后，他当选为社民党格廷根地区青年社会主义者联合会主席。

在以后的日子里，施罗德一直活跃于德国政坛，46岁那年，施罗德再次竞选成功，成为萨克森州州长，就是在这一年，施罗德实现了儿时的愿望，开着银灰色奔驰轿车将母亲接走了。也许，是儿时的苦难记忆，使施罗德在人生的道路上丝毫不敢懈怠，8年之后，施罗德一举击败连续执政16年之久的科尔，当选为德国总理。

童年时期的施罗德曾在杂货铺里当学徒，那时他常说的一句话是："我一定要从这里走出去！"他成功了，而且，比自己想象中走得更远。即使在成功的路上伴随着困难与逆境，但是，施罗德从来没有把逆境当成一回事，而是善于从逆境中获取自己想得到的礼物。儿时的记忆让他明白：自己必须牢牢抓住隐藏在困难中的机遇，不断地向前行。或许，那隐藏在逆境中的机遇，就是上天给予施罗德的礼物。

任何一个人在成长的过程中，都将注定经历不同的苦难、荆棘。那些被困难、挫折击倒的人，他们必须忍受生活的平庸；而那些战胜苦难、挫折的人，他们能够突出重围，赢得成功。逆境所带来的礼物远比它本身有意义，当然，我们获取礼物的前提条件是我们能够坚持下去，否则，我们只会永远被列为平庸者之列。

如果你想成大事，那么，你必须经得起逆境风雨的洗礼，经得起失败的打击。成功是需要风雨的洗礼的，而一个有追求、有抱负的人，总是视挫折为动力。所谓"能受天磨真铁汉，不遭人嫉是庸才”，困境，对于天才来说是一块成功的跳板，对强者来说是一笔宝贵的财富。

每个逆境中都隐藏着一个可贵的祝福

我们都知道，其实每个人的智力相差无几，但在后天的发展中，人们的人生成就却截然不同，其中固然有客观因素的影响和作用，但是更大程度上其实取决于人们面对艰难坎坷与磨难泥泞的态度。在顺境之中，人们的表现大同小异，大多数人都春风得意马蹄疾，然而在逆境之中，人们的表现却反差巨大。有些人在面对磨难时拥有无限的勇气，而且会在磨难之中激发出更强大的力量，因而能够成功战胜磨难，迎来美好的人生。相反，有些人在磨难面前却胆小怯懦，甚至磨难还没有让他们屈服，他们首先就主动退缩了。这样的弱者根本不配拥有成功的人生，因为他们自身就不具备成功的任何素质。大多数人面对磨难时开始会奋起反抗，最终却因为无力坚持，半途而废。他们尽管积累了一定的经验，但是却因为缺乏毅力，最终不得不向命运屈服。从这一点来看，成功者与失败者之间最大的区别，就在于是否能够在磨难面前坚持到底，绝不放弃。

如今，世界各地都遍布肯德基，人们已经爱上了这别具特色的西式快餐，却很少有人知道，肯德基的创始人桑德斯上校曾经为了找到合作伙伴，遭受了1009次拒绝。原来，桑德斯上校拥有一家饭店，位于高速公路旁，尽管规模不大，但却因为口味独特招徕了很多回头客。原来，桑德斯上校饭店的炸鸡非常美味，不但香酥可口，而且肉质嫩滑，为此他的收入也还算稳定可观。然而，因为高速公路改道，桑德斯上校饭店的生意突然间一落千丈，最终因为门可罗雀，生意清淡，他不得不关闭饭店。为此，他失去了经济来源，产生了出售炸鸡配方的想法。

尽管桑德斯上校不遗余力地推销自己的炸鸡配方，但是那些饭店并没有意识到炸鸡配方的价值，更不愿意花费哪怕是低廉的价格购买配方。他们还无情地嘲笑他，对于年迈的桑德斯上校而言，这无疑是让人感到悲哀的经历。然而，他并没有因为接踵而至的拒绝和嘲笑放弃自己的梦想，为了找到合适的买主，他开着一辆破旧的老爷车在全美国四处奔波，为了省钱，他不住旅馆，而是吃住都在车上解决。终于，在被拒绝了1009次之后，桑德斯上校终于找到了合适的买家。从此之后，他的炸鸡连锁店开遍了世界各地，而且以“连锁饭店的奇迹”被载入商业史册。如果没有桑德斯上校的坚持，也许我们今天就无法如此方便快捷地吃到美味的炸鸡了。如今，看到桑德斯上校在每一家肯德基连锁店的前面展现笑容，我们就不由得佩服这位老人面对磨难坚定前行的态度和勇气。

每一个成功者，无不在成功之前付出了坚持不懈的努力，也非常坚韧地面对人生的各种磨难。所以他们才能战胜挫折，超越自我，最终成就自我。如果说成功必须具备什么品质或者素质，那么坚韧一定排在首位。面对一点点困难就退缩的人，永远也不会得到成功的青睐。

哈佛告诉我们：失败并不可怕，只要你在失败中不断地积累经验，终究能将失败变成财富。其实，遭受失败并不可怕，关键是用积极的心态来面对。只要我们能改变心态，把每一次的失败都当作考验自己的机会，那么，我们就不会沉浸在痛苦里，甚至会感谢失败让我们看清了真相，获得了经验。失败会让人变得成熟，它是人生的一笔宝贵财富。

1. 战胜逆境，你就会成功

逆境总使人奋进，只有经历了逆境，才能迎来彩虹。人生路漫漫，成功并没有固定的样式，追求也没有尽头。路途中短暂的鲜花和掌声会帮助我们赢得更多的信心，但也会让我们停滞于此，内心的斗志会消减。失败后，哪怕痛心也会重新站立起来，这样的经历会让人更加坚定自己的目标，鼓足勇气，重新追回属于自己的东西。

2. 失败是成功的前奏

失败是成功的前奏，失败是一笔财富，失败能够使人不断地反省自己，在逆境中奋进，在低谷中抓住机遇，不断冒险与尝试，最后采摘成功的果实。日本著名实业家原安三朗曾说：“年轻时赚100万的经验，并不能成为将来赚10亿元的经验，但损失100万的经验，倒可以培养赚10亿元的经验，逆境是锻炼人才最好的机会。”

一个不能认识和接受失败的人，也无法看清楚成功的本质，从失败的教训中学到的东西，往往比成功中学到的还要深刻。成功，总是在经历多次失败之后才姗姗来迟，正确面对失败，才是走向成功的重要素质和能力。

让自己配得上生活赐予你的苦难

常言道，人生之不如意十之八九。每个人都会遭遇人生的挫折和黑暗，甚至是苦难。然而，只要我们的心永不屈服，我们就不会被困难和挫折降服，而是能够在苦难中锻炼自己的意志，从而变得更加认真细心、意志坚定。

有一次，拿破仑带领军队与敌人展开战斗，结果遭到敌人的负隅顽抗，导致节节溃败，全体将士都狼狈不堪，心中难免变得越来越沮丧绝望。然而，拿破仑对此完全不以为意，他只想战胜敌人，赢得战斗。为此，他不顾一切地大吼一声“冲啊”，以此为号角，激起了全体将士的士气，使将士们一鼓作气，奋不顾身，最终扭转局势，反败为赢。

的确，我们每个人都要配得上生活赐予的苦难，人生毫无波澜，必然是空虚乏味的，也是缺乏含金量的。人生之所以充实，与众不同，就是因为能够从苦难和困境中崛起，从而也对人生有了更加深刻的体验。

亚伯拉罕·林肯在很小的时候就希望能成为一名政治家。

1832年，亚伯拉罕·林肯失业了，这对他的打击很大。然而，更糟糕的事还在后面，他竞选失败。

接着，林肯开始创业，他开办了一家企业，可是还不到一年，这家企业倒闭了，在这之后的17年里，林肯都在为偿还企业欠下的债务而奔波劳累。

不久之后，林肯又一次参加竞选州议员，这次他成功了，在林肯内心深处有了一线希望，他认为自己的生活有了转机，心想：可能我就可以成功了。

然而，人生的逆境好像永远没有结束的那一天。

1835年，亚伯拉罕·林肯与漂亮的未婚妻订婚了，但离结婚的日子还差几个月的时候，未婚妻却不幸去世，林肯备受打击，几个月卧床不起，没过多久，他就患上了精神衰弱症。1838年，林肯觉得自己身体好了些，他决定竞选州议会议长，但是，在这次竞选中他又失败了。但是，再接再厉的精神鼓舞着林肯。

1843年，林肯参加竞选美国国会议员，这次他所面临的依旧是失败。但是，林肯却一直没有放弃，他并没有说："要是失败会怎样？"

1846年，林肯参加竞选国会议员，这次他终于当选了，但两年任期过去，林肯又一次落选。不过，林肯并没有服输。

1854年，他竞选参议员，但失败了，两年之后他竞选美国副总统提名，但是却被对手打败，两年之后他再一次参加竞选，但还是失败了。无数的失败并没有让林肯放弃自己的追求，1860年，亚伯拉罕·林肯当选为美国总统。

当我们不幸被看成“蘑菇”的时候，只是一味地强调自己是“灵芝”并没有任何作用，对于我们而言，利用环境尽快成长才是最重要的。当自己真的从“蘑菇堆”里脱颖而出的时候，我们的价值就会被人们所认可。虽然，“蘑菇”的成长经历给我们带来了压力和痛苦，但是，这些难忘的经历却有可能让我们赢得成功。哈佛大学的荣誉博士J·K.罗琳就是最典型的例子，她是一位中年女性，在事业最暗淡的时候，她开始拿笔写作，结果，她写出了享誉世界的《哈里·波特》。

在人生中总是有着种种的不如意，但是，一个意志坚强的人能够将逆境变为顺境，在挫折中寻找转机，在逆境中坚定地走了下去，最后获得成功。相反，有的人缺少生活的历练，一旦遭遇挫折或身陷逆境，一次输给了自己，就意味着永远输给了自己。

每个人都渴望生活如鱼得水，都希望事业获得成功，但是，上帝不会把这些白白赠予你，只有不畏惧困境，不在苦难中沉沦，成功才是属于你的，也只有那些能够战胜磨难的人才能得到阳光普照的机会。

总之，没有任何苦难会始终存在。对于我们而言，只要我们坚持不懈、持之以恒，我们终究会战胜苦难、赢得人生。绝望的人生如同雷雨之前的阴霾，压得低低的沉沉的。充满希望的人生，迎难而上的人生，则如同战斗的号角已经吹响，激励我们勇往直前。所以，我们必须用积极向上的心态面对人生，这样才能驱散生命的阴霾，让我们的人生洒满阳光和希望。

参考文献

[1]龙柒.心态左右你的人生[M].北京：新世界出版社，2011.

[2]王林.你若盛开，清风自来[M].北京：中国纺织出版社，2018.

[3]拱瑞.你若盛开，蝴蝶自来[M].杭州：浙江工商大学出版社，2018.

[4]刘逸新.阳光心态[M].2版.北京：中国纺织出版社，2016.